JN275421

生きぬく
乾燥地の植物たち
Flourishing in Arid Lands：The Survival of Plants

財団法人 進化生物学研究所
東京農業大学農業資料室

信 山 社

Flourishing in Arid Lands : The Survival of Plants
Supervised by Takashi Tannowa
Designed by Mitsuo Haraguchi

Produced by
The Research Institute of Evolutionary Biology
  2-4-28, Kamiyoga, Setagaya-ku, Tokyo 158-0098
          and
The Tokyo University of Agriculture Museum
  1-1-1, Sakuragaoka , Setagaya-ku, Tokyo 156-8502

© : 2003. The Research Institute of Evolutionary Biology

Published : 2003. Shinzansha
  6-2-2, Hongo, Bunkyo-ku, Tokyo 113-0033

はじめに

　地球には、アフリカ、オーストラリア、北米、中央アジアおよびアラビア半島などに広大な面積の砂漠地帯が存在するが、極めて乾燥した砂漠、特に風によって砂が移動する砂砂漠では自然植生は殆ど見られないと言ってよいであろう。
　しかし、砂漠の周辺や高山帯などに広がる乾燥地には、地域ごとに特有の乾燥環境に適応して生きぬいている様々な乾生植物の群落が見られ、その景観は、我々日本人にも馴染み深い温帯の森や熱帯のジャングルの景観とは全く異なり、見る者に驚きと感動さえ与える。
　この様な乾生植物の群落が人の手によって失われつつあることは誠に残念なことに思えてならない。
　世界各地、特に開発途上国では大規模な森林破壊が見られる昨今であるが、その主たる原因は人口増加に伴う過剰な焼畑や放牧、樹木の伐採等によると言われている。熱帯雨林では、一度の伐採の場合、表土が失われなければ10年ほどで一見伐採されたとは思われない程度までに森は回復すると言われている。しかし、植物にとって生育条件が厳しい乾燥地域では失われた植生は容易には回復せず、大規模な砂漠化が進み大きな環境問題の一つとなっており、森林破壊は、やがては地球環境全体に大きな影響を及ぼすのではないかと懸念されている。
　ところで、(財)進化生物学研究所は、東京農業大学育種学研究所時代の1961年に故近藤典生所長を隊長としてアフリカからエジプトまでの東京農業大学アフリカ縦断動植物調査隊を派遣した。以来、今日に至るまでの永年に亘り、メキシコ、ボリビア、チリ、マダガスカルなどの主として乾燥地域の動植物調査を実施し、その間に収集してきた生きた動植物資料が研究所のコレクションの根幹をなしている。その成果の一部は、伊豆シャボテン公園、長崎バイオパークおよびネオパーク沖縄など数多くの自然動物公園で社会教育活動の一環として活用されている。
　本書では、南北アメリカ、南アフリカ、オーストラリアおよびマダガスカル南西部の乾燥地を中心に各地の景観や永年の調査によって我々が収集し、研究材料としている興味深い乾生植物を紹介する。また、そこに住む人々の生活、更にはマダガスカルの自然林の現状および我々のグループが行っている自然林復元活動などをも紹介する。
　最後に、本書を手にした方々が、乾燥地の自然に興味を持ち、失われたら二度と元には戻らないであろう自然の大切さ、更には自然と人類の共存について思いを馳せていただければ幸いである。

平成15年2月11日

財団法人　進化生物学研究所
理事長　淡輪　俊

発刊によせて

　人間の経済的な営みと社会生活の発展による地球環境の変化や破壊は、地球上に人類が誕生した時点からどこかの地で始まっていたと思われます。地球上のどこにでもいた生物が突然いなくなるということはありません。ある種の生物が消滅するにはそれなりの要因があるはずです。

　また、太古の時代から生物の生息環境の変化が少ない場所が今日まで存続しているとすれば、多くの生物は保全された環境の中で豊かに生息していることと思われます。しかし、私たちは直接、間接的に自然を破壊してきているのです。

　現代の人間社会に生活している限り、誰もが被害者であり加害者であります。私たちは後世に今以上のより良い環境を残す義務があります。私たちが地球環境問題を論ずる場合、それぞれの地域における自然と人間の活動のあり方が深く関わっていることを忘れてはなりません。

　例えば、生物が地域の中でどのようにうまく生存することができたか、人類との関わりについて世界の一乾燥地域を考えてみましょう。地球の温暖化や砂漠化という言葉を日常よく耳にしますが、砂漠の周辺の年間降水量1000㎜以下の乾燥地域は実に陸地面積の４０％をも占めるまでになりました。世界の人口増加と高度の文化生活を営み、維持するためには、地球の砂漠化の防止が極めて重要になってきます。

　砂漠化の防止には緑化などの方法が実践されています。これらの技術の開発には、砂漠周辺に自生する乾生植物をよく理解することが重要であると考えます。

　そこで今回、財団法人進化生物学研究所のご協力によって、世界の乾燥地の植物の実態を知っていただき、地球の砂漠化防止のための参考にしていただければと本書を刊行いたしました。皆様の研究に少しでもお役に立てば望外の喜びです。

平成15年2月12日
東京農業大学農業資料室
室長　　渡部邦雄

目　次

はじめに　　　　　　　　　　淡輪　俊

発刊によせて　　　　　　　　渡部　邦雄

世界の乾燥地　（芹澤　良久）
　乾燥地の分布　　　　　　　　　　　　　6
　アメリカ合衆国　　　　　　　　　　　　8
　メキシコ合衆国　　　　　　　　　　　　9
　ボリビア共和国　　　　　　　　　　　 10
　チリ共和国・アルゼンチン共和国　　　 11
　オーストラリア連邦　　　　　　　　　 12
　南アフリカ共和国　　　　　　　　　　 14
　マダガスカル共和国　　　　　　　　　 15
　ネパール王国　　　　　　　　　　　　 16
　・トピックス　ホロホロチョウ　（白石　幸司）　17

乾生植物の乾燥適応　（芹澤　良久）　　 18

乾燥を生きぬく植物たち
　サボテン　（吉田　彰）　　　　　　　 22
　・トピックス　乾生地のチョウ　（杉原　英行）　26
　・トピックス　トビバッタ　（三宅　義一）　27
　リュウゼツラン　（吉田　彰）　　　　 28
　・トピックス　テキーラ　（梅室　英夫）　31
　パイナップル　（吉田　彰）　　　　　 32
　アロエ　（芹澤　良久）　　　　　　　 36
　ユーフォルビア　（芹澤　良久）　　　 40
　・トピックス　ヘクソドン　（三宅　義一）　43
　リトープス　（大庭　庸史）　　　　　 44
　・トピックス　窓植物　（大庭　庸史）　46
　・トピックス　砂漠のゴミムシダマシ　（三宅　義一）　47
　ウェルウィチア　（淡輪　俊・蒲生　康重）　48
　バオバブ　（吉田　彰）　　　　　　　 50
　・トピックス　レムール　（肴倉　孝明）　54
　ディディエレア　（橋詰二三夫）　　　 56
　・トピックス　フラボノイド　（岩科　司）　60
　・トピックス　ディディエレアの利用　（橋詰二三夫）　64
　ウンカリーナ　（蒲生　康重）　　　　 66
　・トピックス　ウンカリーナの生態学的不思議
　　　　　　　　　　　　（蒲生　康重）　70
　・トピックス　シャンプーの木　（蒲生　康重）　71

　カランコエ　（大庭　庸史）　　　　　 72
　パキポディウム　（吉田　彰）　　　　 76
　キフォステマ　（吉田　彰）　　　　　 80
　アデニア　（吉田　彰）　　　　　　　 82
　その他の植物　（芹澤　良久・橋詰二三夫）　84
　・トピックス　ハタオリドリ　（芹澤　良久）　87

乾生林の破壊と保全　（芹澤　良久）　　 88
乾生林の生活　（大庭　庸史）　　　　　 92

体験記
　水　（栗林　愛）　　　　　　　　　　 94
　あつい　（佐藤　貴子）　　　　　　　 96
　一日　（小松　潤子）　　　　　　　　 98

植物リスト　　　　　　　　　　　　　 100
地名リスト　　　　　　　　　　　　　 102
索　引　　　　　　　　　　　　　　　 104
参考文献　　　　　　　　　　　　　　 107

国名の表示について

本書において下記の通り省略して表示した。

アメリカ合衆国	アメリカ
メキシコ合衆国	メキシコ
ボリビア共和国	ボリビア
チリ共和国	チリ
アルゼンチン共和国	アルゼンチン
オーストラリア連邦	オーストラリア
南アフリカ共和国	南アフリカ
マダガスカル共和国	マダガスカル
ネパール王国	ネパール
ナミビア共和国	ナミビア

写真の撮影者一覧

本書に使用した写真の撮影者を左ページ下に略号で表示した。

岩科　司	IW
内田　弥生	UD
大庭　庸史	OB
蒲生　康重	GM
杉原　英行	SG
芹澤　良久	SR
淡輪　俊	TN
橋詰二三夫	HS
原口　光雄	HR
林　雅彦	HY
三宅　義一	MY
山口　就平	YM
吉田　彰	YD

あいうえお順

世界の乾燥地
乾燥地の分布

　北回帰線と南回帰線に挟まれた地域、ユーラシア大陸の中央部およびアンデス山脈などには広い範囲で乾燥地が広がっており、その面積は実に全陸地の40％以上にもおよぶ。

　一口に乾燥地と言っても地域により気象条件は一様ではなく、植生もまた様々である。乾燥地は、乾燥の著しい順に極乾燥地（砂漠）、乾燥地、半乾燥地および乾燥半湿潤地に分類されている。

　本書では、植物が生育する乾燥地、半乾燥地および乾燥半湿潤地をまとめて乾燥地とする。

　さて、世界中に広がる乾燥地では、地域ごとに特有の乾燥に適応した植物群落が発達している。

　乾燥地の代表として次の地域が挙げられる。

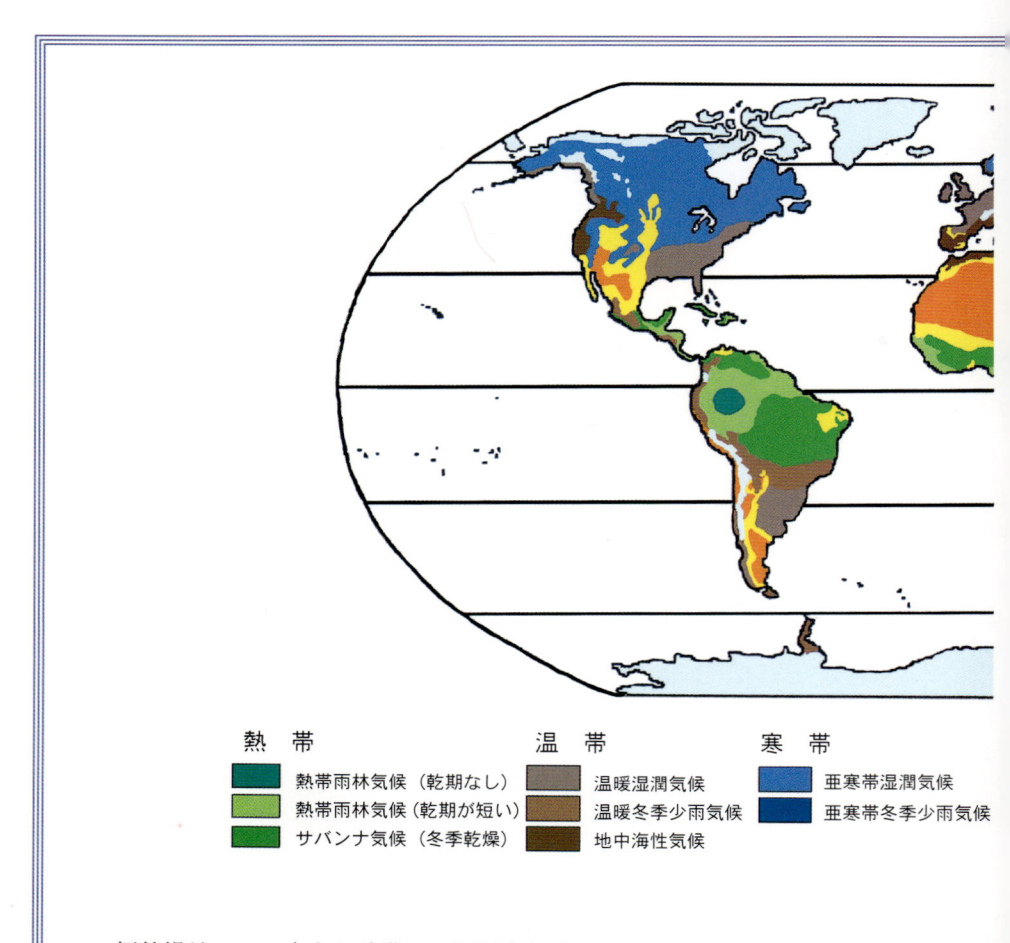

熱　帯
- 熱帯雨林気候（乾期なし）
- 熱帯雨林気候（乾期が短い）
- サバンナ気候（冬季乾燥）

温　帯
- 温暖湿潤気候
- 温暖冬季少雨気候
- 地中海性気候

寒　帯
- 亜寒帯湿潤気候
- 亜寒帯冬季少雨気候

極乾燥地　　：完全な砂漠で、年間降水量が0〜100mmの地域。全く雨の降らない世界最大のサハラ砂漠など熱帯地域に存在する砂漠の主たる成因は、

乾燥地　　　：年間降水量が100〜250mmの地域。永年生と一年生の植物がまばら

半乾燥地　　：年間降水量が250〜500mmの地域。草原が発達し、気温の高い地域

乾燥半湿潤地：年間降水量が500〜750mmの地域。明瞭な雨期がある。気温の高い21％を占める。

凡例

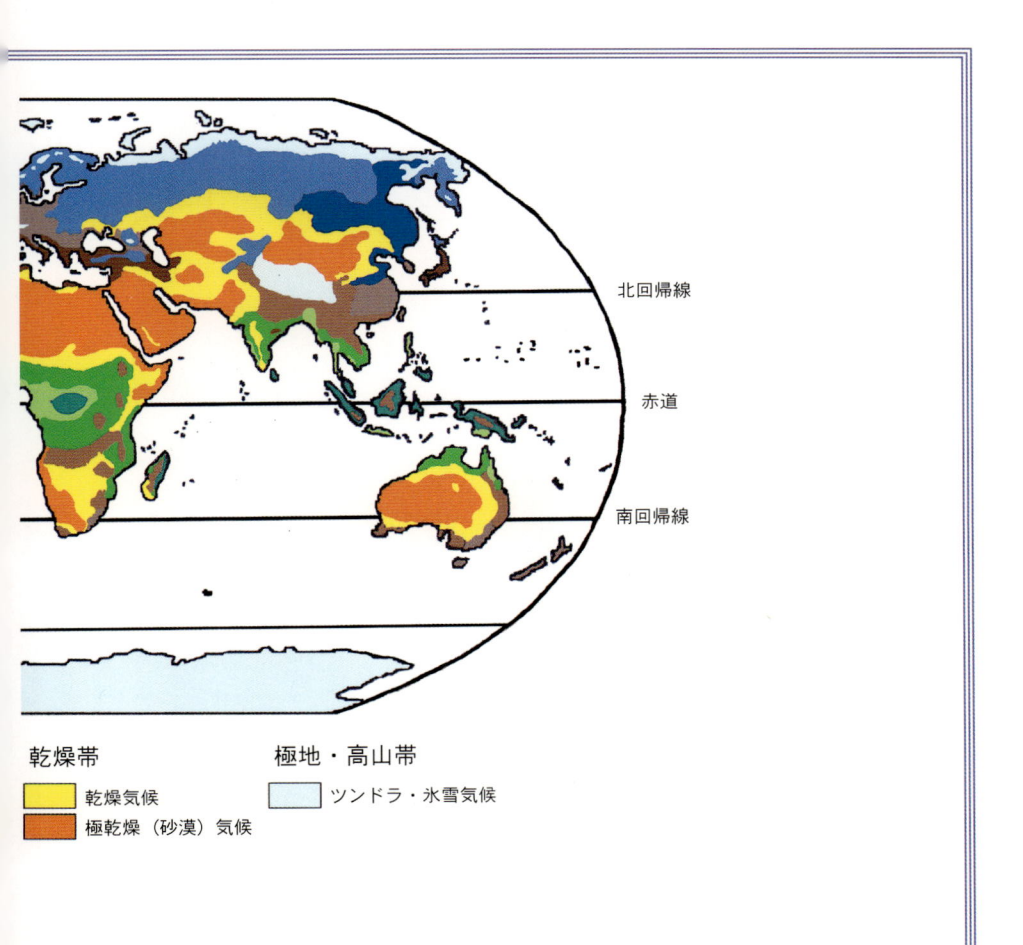

乾燥帯
- 乾燥気候
- 極乾燥（砂漠）気候

極地・高山帯
- ツンドラ・氷雪気候

年もあり、植生は極めて貧弱である。総面積は980万K㎡で全乾燥地の16％を占める。
広域にわたり常に下降気流が発生するためである。
に生える。総面積は1570万K㎡で全乾燥地の25％を占める。
では樹木を伴う。総面積は2310万K㎡で全乾燥地の38％を占める。
地域は常緑低木林、低い地域は草原となる。総面積は、1290万K㎡で全乾燥地の

アメリカ合衆国

　南西部からソノラ地方の年間降水量は約300mmで、ベンケイチュウなどの柱サボテンを中心とするサボテン類やリュウゼツラン類が多いのが特徴である。

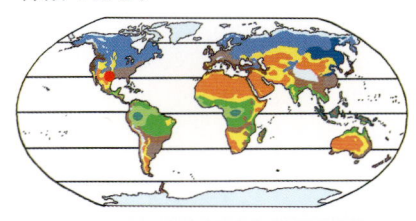

ウチワサボテンなどが自生する乾燥地（アメリカ　モハベ砂漠）

高さ20mにもなるベンケイチュウ（*Carnegiea gigantea*）が林立する乾生林（アメリカ　ソノラ砂漠）

メキシコ合衆国

　北部、中部およびバハカリフォルニアには年間降水量が100〜300mmの地域が多く、サボテン類やメキシコの酒として有名なテキーラの原料となるリュウゼツラン類を中心とした植生が見られる。

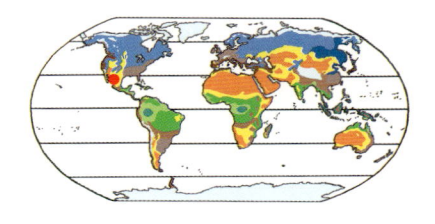

柱サボテンが自生する乾燥地（メキシコ　オブレゴン）上
（メキシコ　サンファンカピスプラー）右

低木がまばらに生える乾生林（メキシコ　テウアカン）

ボリビア共和国

　アンデス山地の東西両山系に挟まれた標高3000mを越える高地乾燥平原アルティプラノの年間降水量は700mm以下で、イネ科を主体とした草原"プーナ"と、高さ1m以下のトラと呼ばれるキク科の低木が散在する草原"トラール"に大別され、地域によってはパイナップル科で最も大型のプヤ ライモンディイや太い刺を持ち、全身に白い毛をまとったオレオセレウスなど多くの種類のサボテン類が見られる。

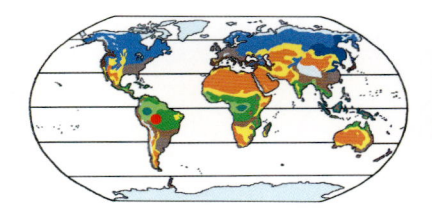

イチュ（イネ科）の生えるプーナ（puna） 　　（ボリビア アンデス）

リャマが放牧されている草原（ボリビア アンデス）

オレオセレウス　トローリィ（ *Oreocereus trollii* ）
（ボリビア　コタガイタ）

チリ共和国
アルゼンチン共和国

　南米大陸南部パタゴニア地方の特に東側は年間降水量が約250mmで、強風の吹きすさぶ乾燥地である。

　この地方は、冷涼な気候と相まって極めて背丈の低い木が草原に散在する植生が見られ、その景観はアンデスの高地植生をそのまま低地に持ってきたようである。このような草原を"コイロナレス"という。

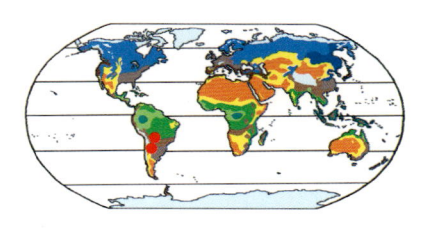

パタゴニアのコイロナレスを行く
　　　　　　　　（チリ　パタゴニア）

セリ科のムリヌム（*Murinum spinosum*）
　　　　　　　　（チリ　パタゴニア）

虹の架かるコイロナレス（チリ　パタゴニア）

オーストラリア連邦

　内陸部の年間降水量は250～500mmで、特に南西部にはヤマモガシ科やススキノキ科など特異な植物が自生している。この地域の植物の大きな特徴の一つは、自然発火による大規模な野火がしばしば発生するために、耐火性の強いものが多いことである。

　特にススキノキの仲間は、野火で幹が焼かれ黒く焦げているので、英名でブラックボーイと呼ばれる。

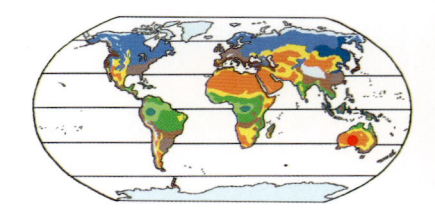

ユーカリ林　（オーストラリア　メルボルン）

下草にカンガルーポー（*Anigozanthos manglesii*）が自生する乾生林　　　　　　　　　（オーストラリア　パース）

カンガルーポー（*Anigozanthos manglesii*）
（オーストラリア　パース）

ユーカリ林。手前のシダはワラビ　（オーストラリア　メルボルン）

ヤマモガシ科のバンクシア（ *Banksia pilotlis* ）
（オーストラリア メルボルン）

山火事の後の乾生林
　白い花序はススキノキ（ *Xanthorrhoea* sp.）
　樹木はバンクシア（ *Banksia* sp.）など
　　　　　　　　　　（オーストラリア　パース）

ススキノキの一種（ *Xanthorrhoea minor* ）の花序の拡大
（オーストラリア　メルボルン）

株立ちしたススキノキの一種
（ *Xanthorrhoea* sp.）
（進化生物学研究所）

南アフリカ共和国

　内陸部に広がる年間降水量500mm以下の台地は"カルー"と呼ばれる。
　カルーには直径5cmほどの小型の多肉植物のハウォルティア、大型のユーフォルビア類が、また北のナマクアランドは更に乾燥しており、小石のように見えるリトープス類、大型のアロエ ディコトマなど多くの固有種が自生している。

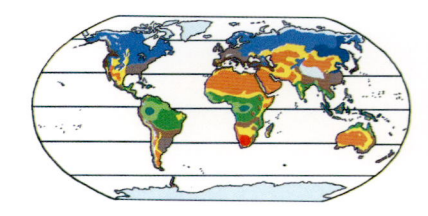

樹高1mのユーフォルビア（*Euphorbia polygona*）が自生する乾燥地　（南アフリカ　ポートエリザベス）

アロエ（*Aloe claviflora*）が自生する　（南アフリカ　ポストマスバーグ）

マダガスカル共和国

　固有種の多いマダガスカルの中でも、南西部から南部にかけては年間降水量500mm以下の地域が多くある。
　この地域では竹ぼうきで空を掃いているような姿のマダガスカル固有科であるディディエレアや多くの種類の多肉ユーフォルビア、可憐な花を咲かせるゴマ科の固有属ウンカリーナなどの特に変わった種類が集中し、世界に類のない景観を醸し出している。

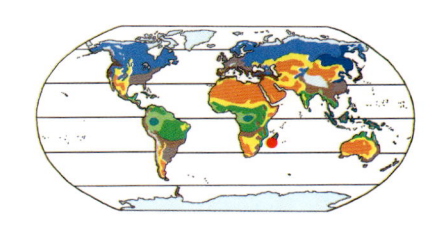

アルオウディアの林　（マダガスカル　アンボサリ）

ディディエレア マダガスカリエンシス（*Didierea madagascariensis*）左
とフニーバオバブ（*Adansonia fony*）右　（マダガスカル　チュレアール）

ネパール王国

　ヒマラヤ山脈の北側に位置するムスタン地方は、年間降水量が500mm以下で、バラ科植物の灌木が散生する乾燥地帯となっている。
　また、ネパールの低地ではフタバガキ科植物のシャール（沙羅双樹）を代表とする乾生林が見られる。

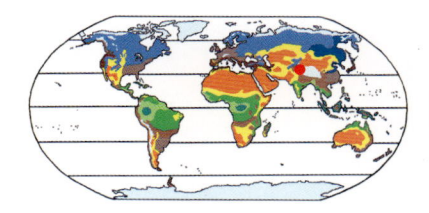

ムスタンから望むヒマラヤの山々（ネパール　トゥクチェ）

シャールの林
（ネパール　ネパールガンジ）

ホロホロチョウ　Guineafowl　（*Numida meleagris*）

　ホロホロチョウ科はサハラ砂漠以南の草原に生息し、4属に分類されている。このうち最も広く分布し、個体数が多いのがホロホロチョウ属である。

　マダガスカルでは人々の移動に伴いもたらされた。首都アンタナナリヴにはホロホロ山と称する山があったとする古文書があるくらい、古くから同国の林や草地などに完全な野生として適応、放散した。現地の人たちが孵化した雛を捕獲し、アリなどを餌として飼育し、売っているのをしばしば見かけることがある。ヨーロッパでは古くから家禽とされ、肉は美味である。卵殻は茶碗が欠けるほど堅い。

ホロホロチョウの野生種

飼育下のホロホロチョウ

ホロホロチョウの卵

ホロホロチョウの民芸品（マダガスカル）

乾生植物の乾燥適応

厳しい乾燥環境に生育する植物は、乾燥を生きぬくために様々な形態や機能を長い進化の過程において獲得している。

ところで、優占植物を主体に分類した植物群落を植物社会学的には群系という。たとえば熱帯多雨林、照葉樹林、夏緑樹林、針葉樹林などの分け方である。

一般に乾燥に適応した乾生植物（ xerophyte ）の優占する群系は、サボテンなどの刺植物が優占種となる場合が多いので有刺林（ thorn forest ）と呼ばれる。しかし、必ずしも刺植物が優占種とはならない場合もある。

本書では、乾生植物の優占する群系を乾生林（ xerophilous forest ）と定義する。

乾生植物は主に
　1.水分の蒸散を抑える
　2.わずかな水分を有効に利用する
　3.水分を植物体に貯め込む
　4.乾燥に適応した光合成を行う
などのような方法で長い乾期を生きぬいているのである。

1．水分の蒸散を抑えるタイプ
①落葉型・・・乾期に葉を落として水分蒸散を防ぐ
②短枝型・・・枝を短縮し、そこにつく葉の数を減らし、葉の大きさも概して小さい
③無葉型・・・葉を付けず、ときに葉や側枝が変形した刺を持ち、茎で光合成をする

①落葉型

乾期㊧と雨期㊨のバオバブ

②短枝型

アスケンデンス　　フンベルティー
　　　アルオウディアの短枝葉

③無葉型

キンシャチの刺

2．わずかな水分を有効利用するタイプ
　　①深根型・・・根を地中深く伸ばして水を得る
　　②短命型・・・種子で乾期を過ごし、短い雨期に一斉に発芽して、開花、結実し、再び種子で
　　　　　　　　乾期を過ごす
　　③全乾型・・・乾期には植物体全体が乾燥して休眠状態で過ごし、一度雨が降ると活性化する

①深根型

キソウテンガイ（ウェルウィチア）
ナミビアのナミブ砂漠でキソウテンガイの大きさに感動する故近藤典生先生

③全乾型

全乾型のキセロフィータと花

19

3．水分を植物体に貯め込むタイプ
　①多肉型・・・葉や幹が多肉化して地上部に貯水する
　②球根・イモ型・・・球根やイモが発達して地下部に貯水する

①多肉型

小型多肉植物ハウォルティア

樹高が5mの大型多肉植物パキポディウム

ボリビアのラパスで入手した
トゥンタ　フィナ　Tunta fina（チューニョ）
　　　　　　　　　　　　農業資料室所蔵

チューニョ　元祖フリーズドライ食品
　アンデスの4000mの高地では夜間にジャガイモを屋外に並べて凍結させ、昼間にこれを素足で踏みつぶして水分を追い出し、一週間ほど繰り返して乾燥させる。これをチューニョと呼ぶ。保存食、携行食として利用されている。

4．乾燥に適応した光合成

　植物の生育にとって最も重要な作用である光合成について見ると、緑色植物の90%は、取り込んだ二酸化炭素が最初に炭素3個の化合物になるC3植物である。

　また、サトウキビなどは、取り込んだ二酸化炭素が最初に炭素4個の化合物となるC4植物である。

　一方、乾生植物は夜間に気孔を開いて二酸化炭素を取り込み炭素4個の化合物を合成し、リンゴ酸として液胞に貯え、日中は気孔を閉じて水分の蒸散を防ぎながら、リンゴ酸から放出される二酸化炭素を利用して光合成を行う。基本的にはＣ4植物と類似しているが、維管束鞘細胞が関与しない点およびホスホエノールピルビン酸の供給源においてＣ4植物とは異なる。

　このようなベンケイソウ、サボテン、ディディエレアおよびトウダイグサなどの多くの多肉植物に見られる乾燥に適応した光合成の仕組みは、最初にベンケイソウを材料として研究が進められたことから、CAM (Crassulacean Acid Metabolism = ベンケイソウ型酸代謝) 光合成と呼ばれる。

　CAM植物では、早朝はリンゴ酸を蓄えているのでなめると酸味があるが、リンゴ酸が減少する昼から夕方にかけては徐々に酸味がなくなる。

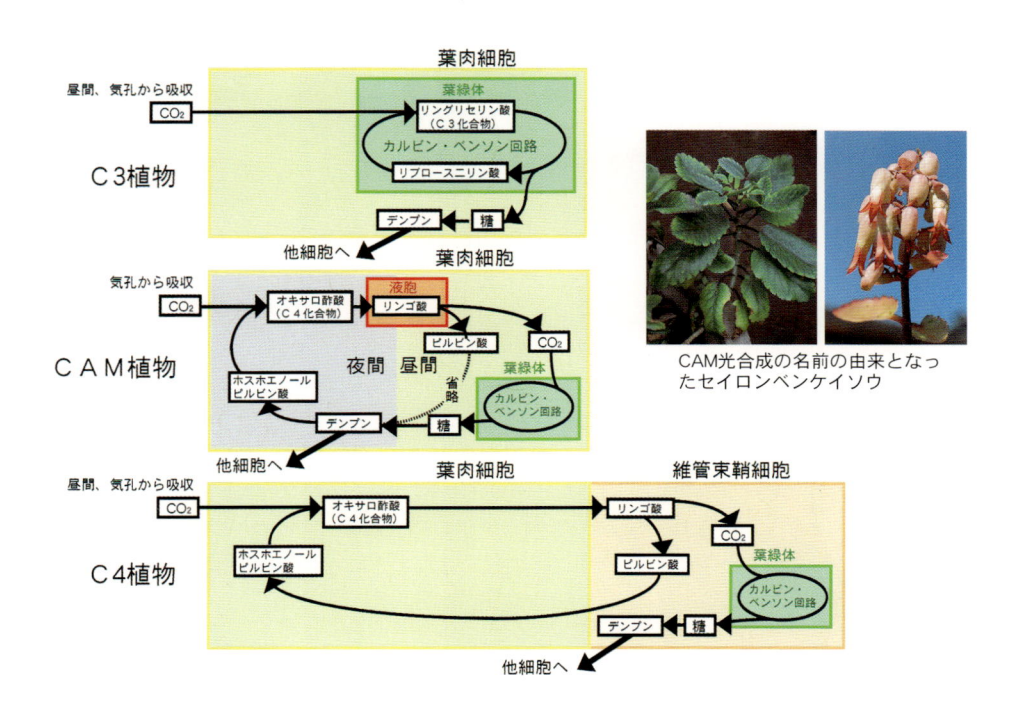

CAM光合成の名前の由来となったセイロンベンケイソウ

乾燥を生きぬく植物たち
サボテン Cactaceae

シャチガシラ（*Ferocactuis acanthodes*）下　ユッカ（*Yucca* sp.）中　アガベ（*Agave* sp.）上　（アメリカ　モハベ砂漠）

乾燥地によく見られる多肉植物をはじめ、トゲのある、はたまたちょっと風変わりな植物をひっくるめて、全て「サボテン」でかたづけられてしまうことがよくある。サボテンは、それほどまでに乾燥地植物の代表格として一般に認識されているのである。逆に言えば、サボテンに対する認識があまりにもお粗末なのかもしれない。

サボテンとは、サボテン科に分類される植物のことで、その中には多湿な環境を好み、立派な葉までもつサボテンらしからぬものもある。それでは一体どこで他の植物との見分けがつくのだろうか。

まず、サボテンは茎節という木化した中心部と多肉質の周辺部からなる茎をもつ。茎節は、茎の生育過程で次の枝となるべき芽が予め用意される一般的な分枝とは違い、枝となる芽が新たに形成され、分岐部には節ができる。茎節は刺座という小さな膨らみをもち、一般的にはそこにトゲを生ずる。次に、花の外側を作る花被片が連続して形を変え、萼とも花弁とも区別がつかないことが多く、それらは癒合して筒状になる。花被片の数とともに雄しべの数も一定ではないが、花被片の数に応じて雄しべも多くなる。

マツアラシ（*Cylindropuntia bigelovii*）（アメリカ　モハベ砂漠）

スピノシオールウチワサ（*Opuntia spinosiore*）（アメリカ　ソノラ砂漠）

マツアラシやオコテイリョ（*Fouquieria splendens*）の自生地（アメリカ　モハベ砂漠）

サボテン科にはおよそ100属1300から2000種があるとされており、コノハサボテン亜科、ウチワサボテン亜科、ハシラサボテン亜科の3つのグループに大きく分けられ、姿形はさまざまである。
　コノハサボテン亜科は、ごく一般的な樹木やつる性植物のようなサボテンらしからぬ姿で立派な葉をもつ。
　ウチワサボテン亜科は、その名のようにウチワのような平たい茎節が特徴であるが、円柱状の茎節をもつものもある。
　ハシラサボテン亜科は西部劇でおなじみの直立した柱のような茎節に特徴があるが、月下美人などの茎節が葉のように平たくなるものや茎節がひも状になるものもある。また、亜科は花の形質でも分類されており、それぞれ代表的な種類の名が亜科の名になっているのである。

ネオカルデナシアの一種（*Neocardenasia aff. herzogiana*）　　（ボリビア　タリハ）

ライオンニシキ（*Oreocereus neocelsianus*）
（ボリビア　ポトシ）

オーストロシリンドロプンティア
（*Austrocylindropuntia weingartiana*）
（ボリビア　ポトシ）

ヘリアントセレウス（*Helianthocereus bertramianus*）　（ボリビア　ラパス）

　サボテン科はごく少数を除いて新世界、つまり南北アメリカ大陸に分布し、その大半はメキシコ、アンデス、およびブラジル東部の乾燥地に見られる。すなわち、アフリカ、ユーラシア、オーストラリアの乾燥地でサボテンに出会ったら、それは人が持ち込んだものか、あるいは何かの見間違いと思って間違いないのである。また、サボテンといえば"熱帯植物"と思われがちだが、それも大きな勘違い。熱帯に見られるのは一部の種で、サボテンの２大原産地であるメキシコからアメリカ南西部の地域もアンデス地域も、季節によってかなり気温が下がる。

　さらに、アンデス山脈の標高5000m近い高山や南米大陸南端のパタゴニア地方にまで自生しており、そういった所では気温が氷点下になることも稀ではない。しかし、日本の冬とは条件の違う乾燥した気候なうえ、花屋さんで買ったサボテンが寒さに強い種類とは限らないので、育てるときには寒さにあてないのが無難であろう。

乾生地のチョウ　Butterflies in arid lands

　マダガスカル南西部に広がる乾生林は アルオウディア類とマメ科植物を主体として構成されている。この林では、ツマアカシロチョウ属、ホソチョウ属、タテハモドキ属が多く見られる。
　特に小さく可憐なツマアカシロチョウ属は種数、個体数ともに多い。乾生林に多いマメ科植物を食草としていることが、この仲間が乾生林で繁栄している理由のひとつであろう。
　ホソチョウ属は食草由来の毒物を体内にもつ毒チョウで、緩やかに飛翔する。
　タテハモドキ属は季節変異が著しく、緑の多い雨期と落葉している乾期とでは、紋様や翅形が異なり、別種のようである。

アフリカオナシアゲハ
(*Papilio demodocus*)　80mm

スジツマアカシロチョウ
(*Colotis zoe*)　37mm

オキツマアカシロチョウ
(*Colotis mananhari*)　52mm

クロボシホソチョウ
(*Acraea dammii*)　50mm

ヒョウマダラホソチョウ
(*Paradopsis punctatissima*)　35mm

ルリタテハモドキ
(*Junonia rhadama*)　40mm

採集地はすべてマダガスカル

トビバッタ Migratory locusts

　バッタの大量発生による被害をよく聞く。このバッタの被害は古くは聖書にも記述されている。古代アッシリアやエジプトの記録、さてはメキシコのアステカの遺跡にもこの昆虫の被害がうかがわれる。

　かつては群れをなす群飛性（群生相）のトビバッタと孤独性（孤独相）のトノサマバッタは異種であるとされていたが、ロシア生まれの昆虫分類学者、B.P.ウバロフが同一種であることを明らかにした。何がきっかけとなって他のタイプに移行するかはまだ解明されていない。

　群れがどの方向にむかって飛ぶかについては多くの気象のデータと重ね合わせると、熱帯低気圧に一致することがわかった。

　農薬の空中散布などによってトビバッタ類を防ぐことはできるだろうが、新たな環境汚染をもたらすであろう。このトビバッタ類は人類にとって最も古く、しかも新しい問題と言えるかもしれない。

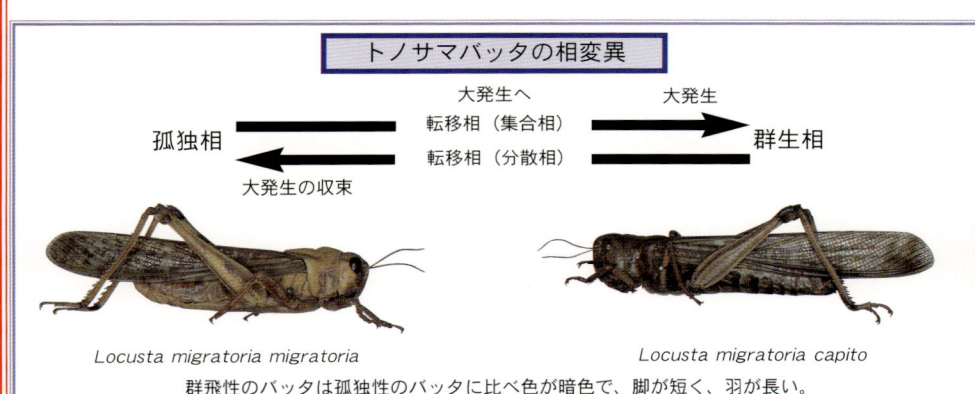

トノサマバッタの相変異

孤独相 ←─── 大発生の収束 / 転移相（分散相） ─── 転移相（集合相）／大発生へ ───→ 大発生 群生相

Locusta migratoria migratoria　　　Locusta migratoria capito

群飛性のバッタは孤独性のバッタに比べ色が暗色で、脚が短く、羽が長い。また、胸盾（胸部の背中）は隆起がなく扁平である。

トビバッタの群飛

イネ科植物を食べるトビバッタの仔虫

イネ科植物を食べるトビバッタの仔虫

写真はマダガスカル南部

リュウゼツラン Agavaceae

最大22mにもなるジョシュアツリー（*Yucca brevifolia*）　　（アメリカ　モハベ砂漠）

ユッカ スキディゲラ　　（*Yucca schidigera*）　　（アメリカ　モハベ砂漠）

ダシリリオン ウィレリー
（*Dasylirion wheeleri*）
（アメリカ　ソノラ砂漠）

　リュウゼツラン科は、メキシコを中心に分布するリュウゼツラン属（*Agave*）をはじめ、新大陸のみに見られる13属約210種からなる。

　広義には、主に旧大陸に分布するドラセナ属（*Dracaena*）やサンセヴェリア属（*Sansevieria*）などのドラセナ科を含む。

　これらの植物はかつてユリ科かヒガンバナ科のどちらかに分類されていた。

　この科を代表するリュウゼツラン属には、米国南西部から南米の熱帯にかけての乾燥地を主体に100種以上が知られている。

　日本でも露地栽培が可能な種があり、開花するとマスコミに取り上げられて話題になったりする。それは、英名で"century plant"（世紀の植物）と呼ばれるように、発芽してから開花までに長い年月を要するからである。100年は大袈裟にしても、20〜30年かかることは稀ではない。

　この属の植物は一般に先端や縁に鋭いトゲをもつ多肉質の葉を密生し、短い茎はそれに隠れて見えない。花を咲かせるときだけ、頂から長い花茎がまっすぐに伸びる。

天然繊維素材のサイザル麻は、サイザルリュウゼツランの葉からとる。それは、遠い昔から先住民の間で受け継がれてきた生活の知恵であった。先住民の人々はその繊維で籠やサンダルなどを作り、葉の先端のトゲを付けたまま取った繊維を縫い針つきの糸として利用した。
　他の地域ではマダガスカル南部の乾燥地に導入され、プランテーションによるサイザル麻の生産が一大産業となっている。他の作物が育たない厳しい環境だけに重要な産業であるが、一方で広大な面積の自然林を消失させた。
　また、同じリュウゼツラン科のユッカ属(Yucca)にも日本で栽培される種があり、「キミガヨラン」の名で知られている。香りのいい白い花を咲かせる。アメリカ西海岸内陸部のモハベ砂漠だけに自生するユッカの一種ジョシュアツリー joshua treeは、ソノラ砂漠のサボテンの一種ベンケイチュウ（弁慶柱）とならんでアメリカの乾燥地を象徴する植物である。その群生地は国立公園として保護され、近くにはジョシュアツリーという名の町もあることからもそれがわかる。その名は、特徴のある樹形が祈りをささげる聖ヨシュアの姿に見たてられ、モルモン教徒によってつけられたといわれる。

ユッカ エラータ（*Yucca elata*）　　（アメリカ　モハベ砂漠）

デセルティリュウゼツラン（*Agave deserti*）　　（アメリカ　モハベ砂漠）

テキーラ　Tequila

　メキシコにおいてはアオノリュウゼツラン（ A. americana ）、アガベ アトビレンス（ A. atrovirens ）、テキーラリュウゼツラン（ A. tequilana ）などを7から10年かけて栽培する。アガベの掘起や肉厚の葉の切り落としは、ヒマドールと呼ばれる熟練の男たちが、コアという道具を使って行う。葉を取った株をピーニャと言い、重さはおよそ30から50kgある。酒はこのピーニャから醸造される。まずピーニャを蒸し、澱粉を糖分に変え、圧搾して搾り汁を取る。これを醗酵させてできた酒は、プルケと呼ばれる。このプルケを蒸留したものが、テキーラ、ピノス、そしてメスカルである。

　テキーラは、ハリスコ州テキーラ市で栽培されたテキーラリュウゼツランを原料として2度蒸留された、アルコール度数38〜55％の酒である。ピノスは、テキーラと同じ原料でテキーラ市以外の地域で製造された蒸留酒を言う。メスカルは、テキーラリュウゼツラン以外の原材料で製造された蒸留酒で、アガベのエッセンスを引き出すために、ピーニャを食べている芋虫の干物と一緒にビン詰めにした酒である。臭みがあり、黄褐色をおびている。

　また、テキーラには、ステンレスタンクで短期熟成したブランコ、オーク樽で2ヶ月以上熟成したレポサド、さらにオーク樽で1年以上熟成したアニェホ、およびフレーバーを溶かし込んだものがある。

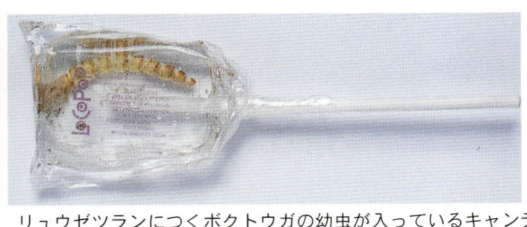

リュウゼツランにつくボクトウガの幼虫が入っているキャンディ

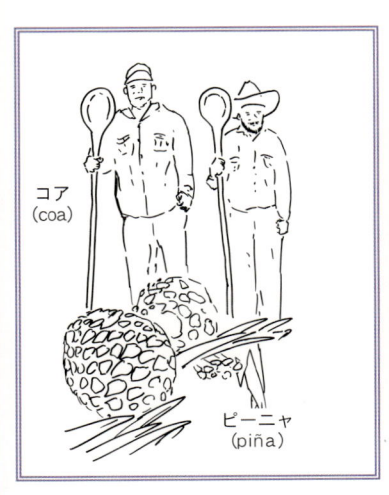

コア（coa）
ピーニャ（piña）

テキーラリュウゼツラン（ Agave tequilana ）
（進化生物学研究所）

アオノリュウゼツラン（ Agave americana ）
（進化生物学研究所）

テキーラ

パイナップル　Ananaceae

プヤ ライモンディイ（ *Puya raimondii* ）　コマンチェ石切場　（ボリビア　ラパス）

プヤ ライモンディイ（ *Puya raimondii* ）　　　（ボリビア　ラパス）

　パイナップルは最も庶民的な熱帯フルーツであるが、同じ科にどんな植物があるかを知っているのは、ちょっとした園芸マニアか植物に詳しい人であろう。パイナップル科は約59属2400種もの植物を含む大きな科である。にもかかわらず、私たちに馴染みが薄いのは、1種を除き全てが熱帯を中心とする南北アメリカ大陸に分布しているからである。私たちの目に触れる機会があるのは、インテリア植物として人気のあるエアープランツと呼ばれるティランジア属（ *Tillandsia* ）や、園芸界ではアナナス類として一括される葉や花の美しい熱帯性の種類くらいである。

　パイナップル科の植物と言うと、まず質問されるのが「食べられるんですか？」である。

　その答えは"ノー"。パイナップルのような甘くジューシーで立派な実をならせるのはパイナップルだけで、多くの種は翼や羽毛のある小さな種子の入ったさやをならせる。しかも、パイナップルの実はひとつの果実ではなく、たくさんの果実の集合体である。表面にうろこ模様があるが、その一つ一つが1個の果実なのだ。

パイナップル科は単子葉植物で、植物自体の茎は短く、そこに密につく葉に隠れて見えない。花が咲くときだけその中心から長く茎を伸ばし、そこに穂のように花をつける。個々の花は3枚の花弁と萼片をもち一般的に小さい。花が大きく美しく見えるものは、美しく色づく大きな苞葉を個々の花に付随してもつ場合がほとんどである。

　アンデス高地の乾燥地にはパイナップル科の植物が多く、木々の枝がティランジア、すなわちエアープランツで覆われているのは珍しくない。

　この植物は高山の乾いた厳しい気候でも、羽毛のある細かい種子を飛ばして旺盛に繁殖し、街中の街路樹の枝にもふつうに見られる。ときには電線の被覆にまで根をおろして球形の株になり、団子のように連なって空中に並んでいる。パイナップル科にはエアープランツのように何かに付着して育つ着生植物が多いが、地面に生えるものもある。

　メキシコを中心とする乾燥地に見られるヘクティア属（*Hechtia*）や、南米の乾燥地に多いディッキア属（*Dyckia*）、プヤ属（*Puya*）などが代表的なもので、いずれも葉の縁に鋭いトゲをもつ。

エアープランツ
（*Tillandsia duratii*）

エアープランツ（*Tillandsia* sp.）

エアープランツが電線から垂れ下がっている
（*Tillandsia duratii*）

一方、パイナップル科で最も大きいプヤ属のプヤ ライモンディイは、ボリビアとペルーの標高4000mを超す花崗岩の岩山だけに見られる。その葉は長さ１m前後の細い剣状で、多数が密生して球形の株になり、その直径は２m以上になる。花が咲くには芽生えてから100年かかるといわれ、直径15cm以上もある茎を高々と伸ばして無数の花をつける。その高さは５mを優に超え、大きいものは７～８mに達する。花が終わり種子を稔らせると、この巨人は静かにその一生を終える。種子は細かく、それを取り巻く膜状の翼を含めても直径３mmほどしかない。この種子は風に乗って遠くまで飛散すると思われるが、芽生えて大きく育つのは親株の生えていた山だけなのである。

　ひとつの株でさえ、それこそ無数の種子を作るので、ほとんど同時に芽生えた株が育つと一斉に花を咲かせることになる。そのさまは壮観というほかはない。

アブロメイティエラ（ *Abromeitiella brevifolia* ）

両ページ写真すべて　ボリビア　タリハにて撮影

アロエ　*Aloe*

アロエの最大種　アロエ ディコトマ　(*Aloe dichotoma*)　　（南アフリカ　ナマクアランド）

アロエ バオンベ (*Aloe vaombe*) とその花
サカラハ 8月下旬 (マダガスカル サカラハ)

アロエ アンタンドロイ
(*Aloe antandroi*)
(マダガスカル アンボサリ)

アロエ ディバリカータ
(*Aloe divaricata*)
(マダガスカル アンパニヒ)

　アロエ類は従来ユリ科に分類されていたが、近年はアロエ属および近縁のハウォルティア属、ガステリア属など7属約600種をアロエ科として分類している。

　アロエ科の中で最も大きなグループであるアロエ属はサハラ砂漠以南のアフリカ、マダガスカル、マスカレーン諸島およびアラビア半島に約350種が分布している。

　インドやマレーシア地方の熱帯、亜熱帯乾燥地では人為的に運ばれたものが野生状態となっている。

　アロエ類には、単子葉植物とは思えないほど木質で太い幹をもつ樹木性の大型種から10cmに満たない小型種まである。

　アロエは鑑賞植物として栽培されるほか、食品や化粧品、医薬品として利用されている。古くはエジプト人が、アロエエキスを死体の防腐および保存に使用したなど医薬品として利用されていた。

　アロエは別名「医者いらず」といわれ民間医療に利用されてきた。ヤケド、切り傷、虫刺されや、胃腸薬、二日酔い、乗り物酔い、便秘、肌荒れなど数多くの効果がある。

マダガスカル産のアロエ カルカイロフィラ（*A. calcairophila*）は、1965年東京農業大学名誉教授、故近藤典生を隊長とする東京農業大学第1次マダガスカル動植物調査隊によって、園芸種として日本に導入された。

　マダガスカル島に自生するアロエは約40種類あり、その2割強が南部に自生している。

　最大の特徴は、同島の木立性アロエの大半が自生していることと、その分布の広さである。分布の広さは、起伏の少ない広大なエリアと比較的均一な自然環境によるものと思われる。

　しかしながら、土壌環境など生態環境の異なりを背景に、特徴ある種分化が見られる。

　種群としては大型の樹木性アロエのスザンナエ（*A. suzannae*）群とバオンベ（*A. vaombe*）、デバリカータ（*A. divaricata*）、バオツァンダ（*A. vaotsanda*）、ヘレナエ（*A. helenae*）などの木立性アロエ群に大別される。

アロエ スザンナエ（*Aloe suzannae*）　（マダガスカル　アンボサリ）

アロエ バオツァンダ (*Aloe vaotsanda*) 　9月上旬（マダガスカル　アンパニヒ）

アロエ デスコイングシイ
(*Aloe descoingsii*)
（マダガスカル　アンパニヒ）

アロエ カピタータの大型変種
(*Aloe capitata var. cipolinicola*)
（マダガスカル
アンバトフィナンドラハナ）

ユーフォルビア　*Euphorbia*

　トウダイグサ科のユーフォルビア属(*Euphorbia*)には、一年草から多年草、樹木あるいはサボテンのような多肉植物まで様々な形態の植物が含まれ、極地を除く全世界に約2000種が分布している。

　日本には、トウダイグサ(*E. helioscopia*)やタカトウダイ(*E. lasiocaula*)など約30種が自生しているが、一般に地味で目立たない。ユーフォルビア属で最も身近な植物としてはクリスマスの植物として人気のある園芸植物のポインセチア(*E. pulcherrima*)が挙げられよう。

　アフリカやマダガスカルなど熱帯の乾燥地には、多肉ユーフォルビアが多く見られ、あるものは刺があり、まるで柱サボテンのようである。しかし、サボテンの刺は短枝葉が変化したものであるのに対し、ユーフォルビアの刺は側枝などが変化したものである。高温と乾燥に適応した結果として、類縁関係のない植物が似たような形態となるいわゆる平行現象の良い例と言えよう。

ユーフォルビアの林　（マダガスカル　アンボサリ）

ハナキリン（ *Euphorbia milii* ）（マダガスカル　フォールドーファン）

ハナキリンの仲間　長径1cmの花（ *Euphorbia genoudiana* ）（進化生物学研究所）

多肉ユーフォルビアの仲間には、園芸的にミルクブッシュと呼ばれる種類がある。それは枝や幹に傷を付けると白い樹液が出てくることに由来する。樹液にはアルカロイドが含まれているので、粘膜などに液が触れると炎症を起こす場合がある。また、アオサンゴ（ E. tirucallii ）の乳液にはガソリンの代わりになる成分（テルペノイド）が含まれていることから、ノーベル賞学者のカルビン博士は、アオサンゴの仲間を石油植物と呼んだ。現在は、精製コストの高いことなどからあまり注目されていないが、将来石油が枯渇したら多肉ユーフォルビアの仲間が再び注目を浴びる日が来るのかもしれない。

コンドウキリンの花　長径 7 mm
（ Euphorbia kondoii ）
（進化生物学研究所）

ユーフォルビア ステノクラーダ（ Euphorbia stenoclada）
（マダガスカル　アンボサリ）

くすぶるように燃えるユーフォルビアの白い樹液

ユーフォルビア プラギアンタの樹皮
シラカバのように樹皮がめくれる
（進化生物学研究所）

ユーフォルビア プラギアンタ
(*Euphorbia plagiantha*)
（マダガスカル　アンボサリ）

ユーフォルビア オンコクラーダ
(*Euphorbia oncoclada*)
（マダガスカル　チュレアール）

まるで柱サボテンのようなユーフォルビア ホリダ
(*Euphorbia horrida*)
（南アフリカ　ユニオンダーレ）

ヘクソドン　Hexodon

　ヘクソドンという昆虫の属名は、われわれ日本人には不潔きわまりない印象を与えるが、下あごに6個の小歯があると言う意味で、別に汚物とは関係ない。この属はマダガスカル特産で、現在はコガネムシ科のカブトムシ亜科に分類されていて、10種ばかりが知られている。この属は、形態的にも習性的にも特異なだけでなく近縁のものが他の地域に全く分布しないことから、マダガスカルを代表する昆虫というより、むしろ、マダガスカルを特色づける甲虫ということができる。

　この属の昆虫は、体は円形でやや平べったく、多くは黒っぽく目立たない甲虫で、外形や習性は砂漠に住む一部のゴミムシダマシに似ているが昼行性で暗くなると地中に潜ってしまう。この属の最も特異な点は、コガネムシやクワガタムシなどを含むコガネムシ類を分類する上で重要な標徴である触角の構造で、片状部関節の結合軸が柄の軸と同一線上になく、ずれていることであり、これは、他には見られない特徴である。また、梅谷（1974）によると消化管の形状はカブトムシ的ではなくスジコガネに類似しているという。更に後閑（2000）によると複眼の小眼の構造はカブトムシ類とは異なるとしている。これらのことから将来カブトムシ類から独立させるべきかもしれない。文献によると、ヘクソドンの食餌はミミズや他の昆虫、共食いもあるとしているが、飼育下では、ユニコロール や グリセオセイカンスの2種はいずれも食植性で枯れ葉やリンゴなどを食べた。また、花を土に埋め込むというような習性は見られなかったが、開花期にジャカランダの樹の下にユニコロールが集まることが観察されている。幼虫は多くのコガネムシ同様、地中に住んでいるが、条件が合わないと足を使って地表を徘徊する。ヘクソドンはDECHAMBRE（1986）によるとユニコロールがマダガスカル全島に広く分布しているほかは大部分が南部に偏っており、特に南西部の乾生林に多くの種が集中しているようである。

交尾中のヘクソドン（ *Hexodon* sp. ）
（マダガスカル　アンボサリ）

ヘクソドン グリセオセイカンス
（ *H. griseoseicans* ）
（マダガスカル　アンボサリ）

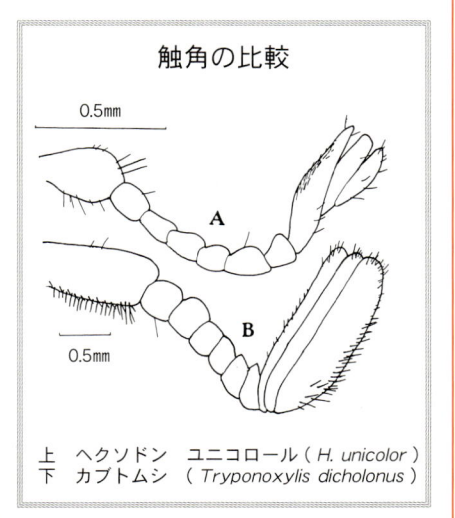

ヘクソドン ユニコロールの幼虫
（ *H. unicolor* ）

触角の比較
0.5mm
A
0.5mm
B

上　ヘクソドン　ユニコロール（ *H. unicolor* ）
下　カブトムシ （ *Tryponoxylis dicholonus* ）

リトープス Lithops

　リトープス属（Lithops）は、マツバギク科の多肉植物で、その姿は実に奇妙で面白い。極度に肥大した2枚の葉はお互いくっついて一体になり、その葉の上部を残して体のほとんどが地面に埋まっている。さらに葉の色と模様が、まさに周りの土や小石のようであり、花が咲いていなかったら植物にすら見えない。リトープスの語源は「石に似ている」。全くその通りである。

　最近は園芸店で見かけることも増え、かわいらしい形と花で自分をアピールしているが、自生地での彼らの姿、隠れ上手は見事としか言いようがない。

　この植物に見えない植物の自生地は南アフリカ、ナミビア、ボツワナの一部の乾燥地である。しかし、乾燥地だからと言って、年中暑いわけではなく、一年の中で最も寒い時期は手がかじかむほどになり霜も降りる。

　自生地は、標高が1000mほどで、日差しは強いが空気が冷たい高山帯の環境の地域が多い。

　ところが、こんな過酷な乾燥地であるにもかかわらず、実際は見渡す限りの草原で、ウシやヒツジ、そしていかにもアフリカらしくダチョウなどが放牧されている。この乾燥地は確かに雨が極端に少ないが、水が

リトープス アウカンピアエ（Lithops aucampiae）の自生地
（南アフリカ　ポストマスバーグ）

リトープス アウカンピアエ
（Lithops aucampiae）
（南アフリカ　ポストマスバーグ）

リトープス ジュリ
（Lithops julli）
（ナミビア　ワームバッド）

リトープス カラスモンターナ
（Lithops karasmontana）
（ナミビア　グルナウ）

リトープス メイエリ
（Lithops meyeri）
（ナミビア　レカーシング）

リトープス オリバセア
（Lithops olivacea）
（南アフリカ　ナミエス）

リトープス オリバセア （*Lithops olivacea*） の自生地　　（南アフリカ　ナミエス）

無いわけではない。標高が高く、昼夜の気温差から朝露、夜露が降り、霧も出るからである。

　南アフリカやナミビアは街と街とが離れており、その間は牧場として使われていることが多い。そして街をつなぐ道をはさむように、家畜のための柵が作られている。驚く事にこの柵は、何百kmにも渡って続いており牧場をたくさんの区画に分けている。ただ、その区画は一つ一つが10km四方だったりして、とんでもなく広い。そのため家畜の姿を見ることは少ない。そんなわけで自生地は多くの場合、牧場の中になってしまう。そして、その牧場の中でも、リトープスは石英などの小石が一面に敷き詰められたような場所でよく見られる。

　メセン(*Mesembryanthema*)、ユーフォルビア (*Euphorbia*)、クラッスラ (*Crassula*)、アナカンプセロス (*Anacampseros*)、アロエ (*Aloe*) などがリトープスと共に生えていることが多い。

リトープスの成長

　リトープスは非常に特異な形態をしている。2枚の葉が極度に多肉化して、お互いが基部でくっつき一体となっている。この形でアフリカの強い日差しと乾燥に適応してきたわけである。そしてその成長過程もユニークだ。1対の新しい葉が、同時に下から突き破るように出てくるのである。リトープスの場合、古い葉は新しい葉が伸長するにつれ枯れていき、まるで脱皮をするかのように成長していくわけである。大きくなると、新しい葉が出てくるときに2対、計4枚の新葉が出てきて、あたかも細胞分裂するように増えていく。普通は枝分かれをして増えていくが、リトープスでは枝が極端に短くなり、しかも葉が多肉質になっているのでこのように見えてしまう。

枝分かれしたリトープス

葉の断面。2枚の葉がひとつになっている。

メセン類の一種

地下部と葉の断面。下から新しい葉が伸びてくる。

窓植物　A plant with windows

　乾燥地の植物は、厳しい環境を生きぬくために、その形態に様々な特徴が見られる種が多い。「窓植物」はその一つといえるだろう。この窓植物はアフリカ南部の乾燥地に分布し、厳しい乾燥に耐えるため、体のほとんどが地面に埋もれている。地上に出ているのは葉のてっぺんだけである。そしてその「頭」、つまり多肉質な葉に「窓植物」と呼ばれる由縁がある。この「頭」の部分は半透明になっていて、そこから光を内部に取り入れることで、葉の表面より下で光合成を行うことができるのだ。地に埋もれたこの植物にとって、この独特の葉はまさに生きる為の「窓」なのだ。窓植物と言われる植物は、その代表にフェネストラリア（*Fenestraria*）があり、他にハウォルチア（*Haworthia*）やリトープス（*Lithops*）でもこのような構造をもつ種類がある。

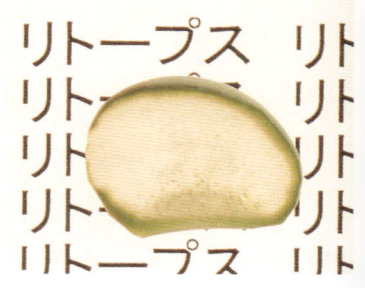

切ったリトープスの頭部で文字を透かす。読めるかな？

砂漠のゴミムシダマシ　Tenebrionidae

　砂漠などの乾燥地で人目を引く昆虫は、ゴミムシダマシの類だろう。これらの多くは体の表面積を最小限にするために球形で、堅牢な表皮とロウ物質に覆われ、関節の一部は融合したり、時には気門さえも閉じることができて、生命の維持に必要な水分の蒸散を防いでいる。足は細長く、これを伸ばして灼熱の地表から体を離し熱の影響を少なくしている。このような甲虫は、アフリカのナミブ砂漠、アラビア半島のネッド砂漠、中央アジアのゴビ砂漠、オーストラリアのサンディー砂漠、更には北米、中央アメリカの砂漠地帯にそれぞれ似通った体制を持った種が分布するが、これらは必ずしも同じ系統ではなく、環境に対応して形質が同じ方向に収れんした平行現象と考えられている。これらは夜行性で、日中は砂中にもぐって暑さを避けている。ほとんどの種は、雑食性で少ない砂漠の資源を最大限食餌に活用している。

　この中の1種、ナミブ砂漠の ゴミムシダマシの一種（*Psammodes* sp.）は、体を地面に叩き付けて音を出す。誰も人のいないはずの部屋で、この昆虫の出す音に驚かされたことがあった。異性と交流するポイントのない砂漠などでは、このような方法で自己アピールをする必要があるのであろう。

　これらと体制がいくらか似た甲虫が我が国にも生息している。古い神社や寺院の乾燥した床下などで見つかるヤマトオサムシダマシ（*Blaps japonensis*）がこれである。日本がかつて乾燥した時代に分布を広げ、気候が変わった現在も取り残された昆虫のひとつかもしれない。

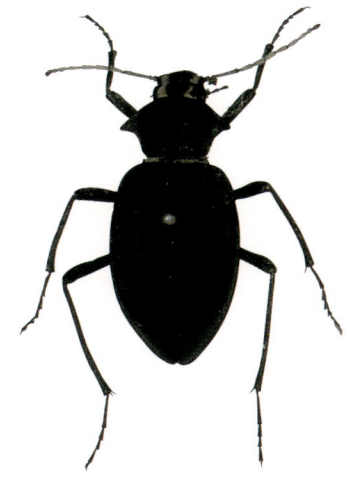

トゲムネゴミムシダマシ
（*Trachynotus bohemanni*）20mm
（ナミビア　ナミブ砂漠）

ウチワゴミムシダマシ（*Lepidochora kahani*）　13mm　㊧背面　㊨腹面
（ナミビア　ナミブ砂漠）

シロスジゴミムシダマシ
（*Zophosis amabilis*）13mm
（ナミビア　ナミブ砂漠）

ウェルウィチア　Welwitschiaceae

　奇想天外＝思いがけない事が起こる様子（学研国語辞書）。この地球上に「奇想天外」という植物が存在する。

　この植物をウェルウィチア ミラビリス（*Welwitschia mirabilis*）と言う。たった1種でひとつの科を作っているのである。

　種小名の mirabilis は、ラテン語で「すばらしい」、「不思議な」の意味である。この植物、名は体を表すというが、実に奇妙で、かつ他に類を見ない。何が奇妙かと言えば、なんと生涯を通じてたった2枚の葉しか持たないのである。その帯状の葉はうねりながら爪のように伸びつづける。古くなると裂けたり擦り切れたりしながら、ねじれたり弓なりになったりして伸長し、先端部は地面に触れると枯れてくる。しかも古株には2000年を越すものもあるという。

　ウェルウィチアは、アンゴラとナミビアの雨のほとんど降らない砂漠の海岸線近く、主として枯れ川に沿って自生する裸子植物で、3mくらい深くまで伸びた主根から多数の細かい根を伸ばし、地下水を吸い上げる。また、海からの湿った冷たい風が、砂漠の熱せられた空気に触れることにより生じる霧からの水分を、葉から吸収していると言う説もある。

キソウテンガイ（*Welwitschia mirabilis*）の自生地　　（ナミビア　ナミブ砂漠）

しかし、どのような機構によるものかは、明らかにされていない。ひとつ言えることは、おそらく伏流水があるであろう枯川沿いに数多く生えていることから、この植物が乾燥地をその生育地として選びつつも、意外と水分を好む植物のようだということである。
　ウェルウィチアは雌雄異株であり、2枚の永続葉の基部にある冠（crest）と呼ばれる器官の組織から生じた芽が伸びてできる枝に、小胞子嚢穂（雄性生殖器官）か大胞子嚢穂（雌性生殖器官）が生じる。この枝が、この植物が唯一もつ枝である。また、雌雄異株であるこの植物の受粉は、ある種のカメムシによっておこなわれることが知られている。
　種子のまわりには、膜状の翼があり、2枚の小苞に包まれるようにして生じる。小苞は薄い膜状で横に幅広く広がり、これが多数集まった雌性生殖器官の全体の形は、針葉樹の球果のようである。

バオバブ Adansonia

幹の直径が7mもある最大級のザーバオバブ （*Adansonia za*） （マダガスカル　アンバニヒ）

ザーバオバブ（*Adansonia za*）
（マダガスカル　アンパニヒ）

ディディエバオバブ
（*Adansonia grandidieri*）
（マダガスカル　ムルンダバ）

ザーバオバブ（*Adansonia za*）の幹の断面
木化していないので材木にはならない

ディディエバオバブの若い果実の断面
（*Adansonia grandidieri*）

　太い幹、そして大空に根をおろすかのように幹の頂から広がる枝。天地創造のとき神が上下を間違えて植えた樹と伝説にあるように、バオバブはこの世のものとは思えない不思議な姿かたちをしている。そこに感じられる強大な力を、いったん芽生えるとたちまち膨らむ邪念に例え、フランスの作家サン＝テグジュペリは童話「星の王子さま」の中に"芽のうちに摘み取らないと星を壊す木"としてバオバブを登場させた。しかし、いわば悪者あつかいのバオバブがなぜか憎めず、かえって親しみ深く読者の心に残るのは、作者の力量によるものであろうか。それとも、バオバブそのもののもつ魔力のせいであろうか。
　「星の王子さま」に出てくるバオバブのモデルは、アフリカ大陸の乾生林やサバンナに広く分布するアフリカバオバブである。バオバブの種類が最も多いのはマダガスカルで、西部沿岸一帯の主に乾生林地帯に7種の固有種とアフリカバオバブが知られている。固有種のうちアルババオバブは、再確認されていない謎のバオバブである。そして、遠く離れたオーストラリア北西部の乾燥地に別のもう1種がある。バオバブとは1種類の木ではなく、キワタ科バオバブ属（*Adansonia*）の樹木の総称

なのである。

　バオバブ属は、指を広げた手のような形の掌状複葉をもち、乾期には落葉する。所によっては乾期が半年以上に及び、その間は樹皮の下にある皮層で光合成を行う。花は5枚の花弁と萼片をもち、多数の雄しべは合着して筒状となり、その中心に雌しべがある。果実はビロード状の毛で覆われた硬い果皮をもち、その中に勾玉形の種子が多数入っている。

　しかし、バオバブの最大の特徴は何と言ってもその太い幹である。バオバブの幹には堅い材がなく、貯水性のある繊維質の軟らかい組織でできている。樹形は種によって、また生育環境によって異なり、アフリカバオバブやオーストラリアバオバブなどは、比較的低い位置で太い枝を分枝し、枝は斜めに高く立ち上がってどっしりとした樹形になる傾向がある。それに対し、幹が比較的スマートで枝が幹の上部に集まる傾向にあるのが、マダガスカルのディディエバオバブやディエゴバオバブなどである。しかし、同じ種でも水分の多い所では背が高くスマートな姿に育ち、乾燥した場所では背が低くズングリした樹形になる。特にディディエバオバブは、同種とは思えないほど姿かたちが変わる。

ザーバオバブ（*Adansonia za*）と花
（マダガスカル　アンボサリ）

フニーバオバブ（*Adansonia fony*）
乾期（8月）に落葉しているフニーバオバブ左
雨期（3月）のフニーバオバブと花右
（マダガスカル　チュレアール）

ところで、バオバブは様々な形で人の生活に関わっている。神聖な樹として近寄るのさえ許されないことがある一方、人々に親しまれ集いの場になることもある。ほんのりと甘酸っぱい果実の中味はおやつ代わりになるし、水で溶けば清涼飲料になる。種子からは油がとれる。
　アフリカでは若い葉が野菜代わりにされる。マダガスカルの一地方では剥ぎ取った樹皮を家の屋根や壁に用い、その繊維でロープを作る。さらに、生きた木をそのまま使うこともある。マダガスカルの水に乏しい地方では、幹をくりぬいて雨水を汲み入れ、その水で乾期を凌ぐ。
　オーストラリアでは、何と囚人を幹の洞に閉じ込めたという。
　神の領域をはじめ、メルヘンの世界から俗世間まで、バオバブの登場する場面は意外と多いのである。

レムール（キツネザル）　Lemur

　マダガスカル島ならびにコモロ諸島固有の原猿類であるレムール類は、分類にもよるが、4科14属およそ30種と多様に分化している。大きさも、霊長目最小のピグミーマーモセットと競う60ｇほどのマウスレムールからテナガザルに匹敵する10kgほどのインドリまで実にさまざまである。アジアとアフリカに棲息する原猿類は例外なく夜行性であるが、レムール類は夜行性、昼行性、両方の種を含んでいる。社会構造も単独生活者から家族群、大きな群とさまざまであり、霊長目の社会進化を考える上で欠かすことができない存在である。

レムール カタ（*Lemur catta*）
（マダガスカル　アンボサリ）

シファカ（*Propithecus verreauxi*）
（マダガスカル　アンボサリ）

進化生物学研究所で飼育中のレムール

ユーレムール フルブス マイヨテンシス
(*Eulemur fulvus mayottensis*)

ユーレムール フルブス の雑種
(*Eulemur fulvus* hybrid)

バレシア バリエガータ
(*Varecia variegata*)

ユーレムール マカコ
(*Eulemur macaco*)

レムール カタ
(*Lemur catta*)

55

ディディエレア　Didiereaceae

マダガスカル南東部の湿潤地域から50Kmほど西へ向うと、森は劇的に様変わりをし、乾生林が始まる。世界でも類を見ない乾生林の中でも異彩を放つのが、刺と細かい葉で覆われた幹をを林立させるディディエレア科のアルオウディア類である。

ディディエレア科 (Didiereaceae) には、アルオウディア属 (*Alluaudia*)、アルオウディオプシス属 (*Alluaudiopsis*)、ディディエレア属 (*Didierea*)、デカリア属 (*Decaryia*) の4属に11種があり、そのすべてがマダガスカル南部から南西部の乾生林にしか見られない。

南部の乾生林には、アルオウディア属のアスケンデンス (*A. ascendens*)、ドゥモーサ (*A. dumosa*)、フンベルティ (*A. humbertii*)、プロケラ (*A. procera*) の4種が同所に混在するという珍しい地域もある。

ディディエレア マダガスカリエンシス (*Didierea madagascariensis*) 　（マダガスカル　チュレアール）

アルオウディア プロケラ (*Alluaudia procera*) と
アルオウディア アスケンデンス (*Alluaudia ascendens*) が優占する乾生林　（マダガスカル　アンボサリ）

一方、アルオウディア属のコモーサ(*A. comosa*)、モンタニヤッキィ(*A. montagnacii*)、アルオウディオプシス属のフィフェレネンシス(*A. fiherenensis*)は石灰岩地帯に、ディディエレア属は砂質土壌に住み分ける傾向がある。

　「カナボウノキ科」ともよばれるディディエレア科は、多くの種が鬼の金棒ように幹に刺を持ち、一見すると柱サボテンの仲間のようだ。

　しかし、幹が直接葉で覆われている植物など、この世であまり見られるものではない。葉はふつう新しく伸びた枝につくものだからである。とは言っても、この植物とて掟破りなわけではなく、実は幹の中に埋もれた短枝から葉がでているのである。この短枝葉は乾期には落葉するが、雨期にはまた芽吹く。サボテン科では刺が出ている刺座が短枝であるが、そこに葉をつける種類は少なく、柱サボテンには全くない。

ディディエレア トローリィ (*Didierea trollii*)　　(マダガスカル　アンボサリ)

アルオウディア　フンベルティ
(*Alluaudia humbertii*)
(マダガスカル　アンボサリ)

アルオウディア ドゥモーサ
(*Alluaudia dumosa*)
(マダガスカル　アンボサリ)

アルオウディア アスケンデンス（*Alluaudia ascendens*）　（マダガスカル　アンボサリ）
円内は幹から直接展開した短枝葉

ディディエレア科の葉

　ディディエレア科の葉には2種類ある。伸びている枝の樹皮下にある長枝から、長枝葉が展開する。その後種によって違いはあるが、基本的に長枝葉の落葉した後に短枝から短枝葉が展開する。

　特にアルオウディア属の長枝葉と短枝葉は葉の展開に大きな違いがある。長枝葉は幹に対して垂直に展開し、短枝葉は幹に対し水平に展開するという大変おもしろい特徴がある。

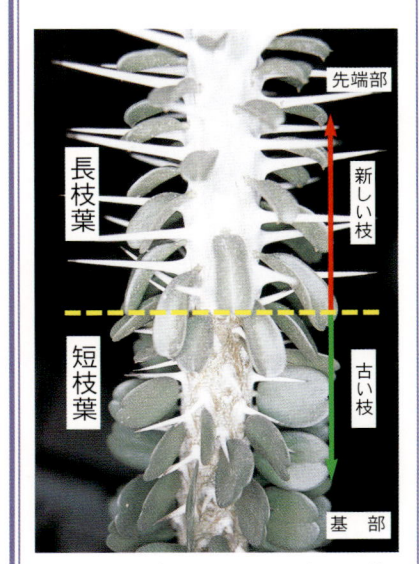

アルオウディア　アスケンデンスの幹

フラボノイド　Flavonoid

　口臭予防などで知られているフラボノイドは、炭素15個からなる有機物の総称であり、多くは、配糖体として細胞内の液胞に溶けて存在する。葉ばかりでなく、花、茎、根などにも含まれ、花ではアントシアニンのように赤、紫、青などの花色色素として重要な役割を果たしている。

　ディディエレアのフラボノイドは29種が知られ、そのうち23種類が細胞内ではなく、多肉化した茎の樹皮上にワックスあるいは粉末として存在し、糖を結合しない特異な化学構造をしている。自然界ではこれまで発見された事のないものがほとんどである。

　葉がほとんど退化しているアルオウディア ドゥモサとジグザグノキを除くディディエレア科では、葉の成分として細胞内に含まれるフラボノイドと、細胞外にワックスや粉末として存在するものとは、同一種であってもその化学構造はまったく異なっている。

　分離されたほとんどすべてのフラボノイドがその構造中にメチル基あるいはメトキシル基が存在することから、抗菌物質として作用していると推定される。

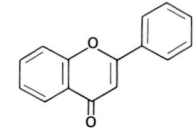

開花中のアルオウディア プロケラ
(Alluaudia procera)　（マダガスカル　アンパヒニ）

アルオウディア モンタニヤッキィ
(Alluaudia montagnacii)
(進化生物学研究所)

アルオウディア コモーサ (Alluaudia comosa)
（マダガスカル　チュレアール）

ジグザグノキはディディエレア科の中でも1属1種の特異な植物である。
　新しく伸びた枝に出る葉は展開するとすぐに落葉するので年間の大半は葉がない。
　枝が約120度でジグザグに折れ曲がることから、この名前がついた。
　樹形は、枝が垂れ、樹皮は褐色である。

ジギザグノキ（*Decaryia madagascariensis*）　　（マダガスカル　アンボサリ）

ディディエレア科の開花

　ディディエレア科の花は現地に春が訪れる9月以降に咲き始め、雌花と雄花が別々の個体（雌雄異株）の枝先に咲く。

　南部乾生林に同所的に分布するアルオウディア属のアスケンデンス、ドゥモーサ、フンベルティ、プロケラでは雌花、雄花とも1日で終わり、基本的には朝開花し夕方には閉じる。

　また4種の花期の始まりは、その年の雨量や気温などでその時期が変動するものの、プロケラは9月中旬、アスケンデンスは10月上旬、ドゥモーサは11月下旬、フンベルティは12月中旬など種ごとに明らかな違いが観察された。

　これらの花期の条件は同属の4種が混生していながら、自然では雑種が確認されていない理由と考えられるが、別種同士の花期が重なる場合もあることから雑種ができない条件が他にもあると考えられ、更なる調査が必要である。

アルオウディア プロケラの雌花㊧と雄花㊨

アルオウディア アスケンデンスの雌花㊧と雄花㊨

アルオウディア ドゥモーサの雌花㊧と雄花㊨

アルオウディア フンベルティの雌花㊧と雄花㊨

樹皮下光合成

ディディエレアやバオバブの幹の薄い樹皮を剥がすと皮層に緑色の部分が現れる。すなわち、皮層にも葉緑体があり、樹皮下でも光合成ができる。

半年以上続く乾期の間は落葉し、葉での光合成ができないが、この樹皮下光合成の仕組みによって生きぬくことができる。

アルオウディア プロケラの幹の断面
樹皮の内側に緑色の層がある
髄が木化している

アルオウディア アスケンデンスの幹の断面
樹皮の内側に緑色の層がある
髄が木化していない

ディディエレアの利用　Utilization of *Didierea*

　マダガスカル南部の乾生林といえば、まず特異な植物たちだが、アンタンドゥルイ族の人々がその森で暮らしていることを忘れてはいけない。彼らはコブウシの牧畜を主に、農業や薪炭材の生産を生業とする一方、乾生林から得られる薬草、薬木などの森の資源を利用をして生きている森の達人である。

　この森の主役であるディディエレア科の植物も、人々に大きな恩恵を与えているもののひとつである。その筆頭に挙げられるのが、板材として利用される アルオウディア プロケラである。人々は基本的に木造家屋に住んでおり、それに使われる板材のほとんどがこの木の心材から作られる。アルオウディア プロケラの材は比較的軟らかく、強度はそれほどではないが、乾燥地の樹木には稀な真直ぐな材が得られ、簡単な道具で板材に加工できるので、生活には無くてはならないものである。この板材は森の周辺の街でも建築材に使われ、貴重な収入源にもなる。

　ディディエレア科の植物は、薬用としてもさまざまな効能が知られている。アルオウディア プロケラは、柔組織のある樹皮下の赤い部位を煎じて子供の下痢止めに使用され、同じ部位は葉とともに止血剤にもされる。腹痛にはアルオウディア ドゥモーサの枝をつぶした汁が使用され、化膿止めとしては、ジグザグノキの枝をつぶした汁やアルオウディア フンベルティの樹皮下の赤い部位でパックするようにして用いる。ディディエレア科の植物は、アンタンドゥルイ族にとって日常的な病気やケガにも重宝されるのである。

アルオウディア プロケラの製材

製材された板

プロケラハウス建築中

アルオウディア林内の立派なプロケラハウス　（マダガスカル　アンボサリ）

ウンカリーナ　*Uncarina*

雨期の始まる前、まだほとんど緑のない森に鮮やかな黄色の花がやけに目立つ。ゴマ科のウンカリーナ属(Uncarina)である。ウンカリーナ属は、マダガスカル西部を南北に走る堆積層に沿って分布する固有属で、現在12種1変種が知られており、その全てがゴマの仲間らしくない"木"である。

その多くは黄色い花を咲かせるが、桃赤色の2種と白の1種が知られている。花はノウゼンカズラに似たラッパ形の合弁花で、口の部分は5枚の裂片にわかれ、筒になった根元は5つに細長く裂けた萼に包まれる。ほとんどの種は花の直径が5cm以上もあり、これが枝先に群れて咲くのだからとても美しい。

ウンカリーナ ステルリフェラ (*Uncarina stellurifera*)
(マダガスカル チュレアール)

ウンカリーナ グランディディエリ (*Uncarina grandidieri*)
(マダガスカル アンドラヌブリ)

ウンカリーナ レプトカーパ
(*Uncarina leptocarpa*)
(マダガスカル　ムルンダバ)

ウンカリーナ レアンドリーの変種
(*Uncarina leandrii var. rechbergii*)
(マダガスカル　ムルンダバ)

ウンカリーナ ペリエリー
(*Uncarina perrieri*)
(マダガスカル　マジュンガ)

ウンカリーナの果実

U. abbreviata
U. decaryi 
U. grandidieri 
U. leandrii 

U. leptocarpa
U. perrieri 
U. roeoesliana 
U. stellurifera 

U. toricana

U. stelluriferaの刺の拡大

Uncarina peltata

四方向から見た果実

パンツについた果実

　この植物の果実がまた面白い。クルミの実を平たく細長くしたような2つに割れる構造の果実は、片面に4列ずつある長いトゲと、その間に生える短いトゲで外側が覆われ、まるでウニみたいなのである。
　しかも、長いトゲの先端は4本の鋭い返しのついた錨形で、一旦何かに引っかかると取り外しにくく、始末が悪い。現地ではこれをネズミ捕りに使うという。
　また、果実の先端が薄い膜状に伸びた嘴状突起の形も面白く、種によってはその突起の延長が翼のように果実の周囲を取り巻く。果実の中は4室に分かれ、1室に4〜7粒の種子が入っている。

ウンカリーナの生態学的不思議　A mystery of *Uncarina*

　ウンカリーナには、分布と花期が重なるものが多い。また、この植物は種間雑種が人工的な交配により、簡単にできることが明らかになっている。この分布、花期、そして雑種作出の容易さは、私達にある疑問を投げかけているのに気づかれたであろうか？ 種がその特徴を維持するためには、同じ特徴を持つものつまり同じ種との間に子孫を残していく必要がある。ここに植物による戦略が生まれる。では、ウンカリーナの戦略はどのようなものだろうか？ 答えは、花にあった。

　花の特徴は、鳥や昆虫（送粉者）にうまく花粉を運んでもらうための巧妙なしかけなのである。このような視点から、ウンカリーナの花を眺めることとする。

　この植物の花を最も特徴づけているのは、花筒の中である。雄しべは子房の上部で一旦内側に湾曲した後、再び左右に広がり、湾曲部は花筒を完全にふさいでいる。花筒中には、雌しべを中心に長さの異なる2対の雄しべが左右対称に並び、柱頭と葯は花筒の上部に密着している。雄しべの先端に一対になってつく葯のそれぞれには、雌しべに面した側に固く閉じた細い溝があり、この溝が何かでつつかれない限り花粉は吐出しない。

　ここで特に注目すべきは、特定の刺激によって花粉を吐出させる葯と、湾曲した雄しべによってできる空間である。面白いことに、この空間の大きさは種の間で明らかに異なっている。まるで鍵穴のように種ごとに違うこれらの特徴は、そこに入る鍵、すなわち送粉者を選ぶ条件になっており、別種の花粉が受粉されないためのたくみな仕掛けと考えられる。では、このような花の特徴から考えられる送粉者の条件とは、どんなものであろうか。

　その答えを求めて自生地で調査したところ、それはマクロガレア属（*Macrogalea*）、アメガレア属（*Amegalea*）のハチであった。このハチの体の大きさや構造には、まるでウンカリーナの花に合わせたかのような多くの特徴がある。これらの特徴が、花の構造とどのように関わり、花粉が運ばれるか、送粉者はどのようにウンカリーナの花を見分けるのかなどの疑問が残る。それが解明した時、ウンカリーナの種成立の秘密が解き明かされるのである。

ウンカリーナの花に潜り込むハチ

ウンカリーナ グランディディエリ
（ *U. grandidieri*）
ヒメハナバチの仲間
（ *Macrogalea antanosy*）

ウンカリーナ ロエオエスリアーナ
（ *U. roeoesliana*）
アオスジハナバチの仲間
（ *Amegalea* sp.）

ハチが潜り込んだ花の内部（再現）

シャンプーの木　Shampoo plants

　ウンカリーナは、「シャンプーの木」という異名を持つ。この植物の葉を水に浸すと粘々した液体が出て来る。現地住民は、この粘液をシャンプーとして利用している。実際、この粘液で髪を洗うと、市販のシャンプーのように泡立たないので、やや不満感はあるものの、確かに汚れが落ち、髪がしっとりする。その証拠にもう一度、市販のシャンプーで洗うと良く泡立つので油汚れが落ちたことがわかる。現地住民の間では、くせ毛直しや育毛・増毛の効果もあるとされている。その効果のほどは定かではないが、近年、ウンカリーナ抽出物を配合したシャンプーや整髪料が、マダガスカルで商品化されていることからも資源植物としての有用性がうかがえる。また、樹形や花は鑑賞価値が高く、マダガスカルのホテルの庭木等に使われており、園芸植物として日本への導入も期待できる植物である。

ウンカリーナの葉で頭を洗う親子　　　（マダガスカル　アンボサリ）

ウンカリーナのシャンプー㊧と整髪料㊨

カランコエ　*Kalanchoe*

カランコエ グランディディエリ（*Kalanchoe grandidieri*）（マダガスカル　チュレアール）

カランコエ ブラクテアータ （*Kalanchoe bracteata*）
（マダガスカル　アンボサリ）

センニョノマイ （*kalanchoe beharensis*）　（マダガスカル　アンボサリ）

カランコエ トゥビフローラ
（*Kalanchoe tubiflora*）
（マダガスカル　アンボサリ）

　日本で一般的に知られているカランコエ属(*Kalanchoe*)は、約60年前、フランスの調査隊がマダガスカル北部の高山、ツァラタナナ山で発見したカランコエ ブロスフェイディアナ(*K. blossfeidiana*)をもとにして、品種改良したものだ。
　カランコエはアフリカから東南アジアまで広く分布し、現在、約120種が確認されている。そしてその3分の2がマダガスカルの特産だ。
　形や性質は実に様々で、つる状に伸びるもの、木に着生するもの、岩の上にしか生えていないもの、樹木性のものまである。そのほとんどが草本のカランコエだが、マダガスカル南部乾生林のものは少し様子が異なり、木本の種類もある。中には3mを優に超える大型の種もあり、見るものを圧倒する。とは言っても、この植物、単品で見ると形も奇抜で面白いのだが、なにせ周りの植物が強烈すぎて、森全体を見渡すとあまり目立たない。だがカランコエはそれを補うぐらいの特殊な能力を持っているのだ。
　その代表に増殖の仕方がある。種子で増えるのはもちろんだが、その他に「不定芽」で増殖することができる。

不定芽とは頂芽、側芽以外の本来出るはずのない葉の縁などから生じる芽のことだ。生きた葉が地面に落ちると不定芽が発生し、発芽、発根する。まさに自分のクローンを大量生産できるのである。

　葉には十分な水分が含まれ、1ヶ月以上乾燥に耐えることができる。不定芽自身も、小さいながら多肉質なので、少々雨が降らなくても、自力で雨期を待つことができる。ただし、不定芽や苗木が乾燥に強いと言っても、決して強光に強いと言うわけではない。

　南部乾生林のカランコエの多くは林床に生えている。この地域の強い日差しの下では、さすがにカランコエといえど、直射に耐えることは困難の様だ。ユーフォルビアなどの大きな木の下で暑さをしのいでいる。完全な日向に生えていたのは、自分が見る限り草本性のカランコエ トゥビフローラ(*K. tubiflora*)1種のみだ。このように、ひと言にカランコエと言ってもその生活形態は種によって異なる。不定芽を含め、興味深い植物である。

カランコエ アルボレッセンス (*kalanchoe arborescens*)
（マダガスカル　アンパニヒ）

センニョノマイ (*Kalanchoe beharensis*
（マダガスカル　アンボサリ

カランコエ亜属の分類

　カランコエ属の植物は大きく3つの亜属ブライオフィルム亜属（*Bryophyllum*）、キッチンギア亜属(*Kitchingia*)、カランコエ亜属(*Kalanchoe*) に分けることができる。それは不定芽のつき方、花の咲き方、萼筒の形態で分類し、種決定の重要なポイントとなる。また、この3亜属は分化が進んでおり、別属にする見解もある。

　南部乾生林のカランコエは木質化するカランコエ亜属が多い。現地では同じ場所に混在しており、花の時期も重なるにもかかわらず、そこでは雑種と思われる個体は見られない。人為的な交配を行っても、ほとんど成功していない。それは、なんらかの要因で種としての分化が進んでいることを示している。この種分化の謎はまだ解明されておらず、これから究明すべき課題だ。

	Bryophyllum	*Kitchingia*	*Kalanchoe*
花の咲き方	下向きに咲く	下向きに咲く	上向きに咲く
萼の形状	大きく、萼筒の半分以上	小さい	小さいか、大きくても深裂
不定芽の付き方	葉縁に生じる	花序に生じる	葉柄から発芽・発根する

パキポディウム　*Pachypodium*

パキポディウム ゲアイ（*Pachypodium geayi*）左
フニーバオバブ（*Adansonia fony*）右
（マダガスカル　チュレアール）

樹高約7mのパキポディウム ゲアイの大樹
（*Pachypodium geayi*）　　（マダガスカル　チュレアール）

パキポディウム ナマクアヌム （*Pachypodium namaquanum*） （南アフリカ　ナマクアランド）

エビスワライ（*Pachypodium brevicaule*）
（マダガスカル　イバト）

パキポディウム ラメレイ
（*Pachypodium lamierei*）
（進化生物学研究所）

　パキポディウム属(*Pachypodium*)は、マダガスカルとアフリカ大陸南西部に15種前後が知られており、キョウチクトウ科の中でもアデニウム属(*Adenium*)と並ぶ異色の多肉植物である。
　その名はラテン語で「太い脚」を意味し、葉や花や果実にお馴染みのキョウチクトウとの共通点をかろうじて見出せるものの、幹の根元は膨らみ、枝は一般的にトゲをもつ。
　アフリカの数種を除き、マダガスカルの中央高地と西部に分布する。樹状に大きく育つタイプと、背が低く枝分かれして珊瑚状になるタイプに大別でき、マダガスカルでは主に前者が西部、後者が中央高地に見られる。樹状タイプはおおむね白花で、珊瑚状タイプは大半が黄花だが、赤花、白花の種もある。アフリカ大陸南西のナミビアにあるパキポディウム ナマクアヌムは、あまり目立たない緑を帯びた比較的小さな花を咲かせる。すっくと立つ幹は人の背丈より高くなり、「半人(half a man)」と呼ばれる。そう言われてみれば、幹の頂に密生した葉のシルエットがモジャモジャ頭に見えなくもない。
　「バオバブはいらんかね、ムッシュー」と、マダガスカルの首都アンタナナリヴの街中で、手提げ籠を持ったオバさんに呼びとめられた。こ

んなものにバオバブが入るもんか、と差し出された籠を覗くと、なるほど幹がずんぐりとした植物が入っていた。パキポディウムである。太っていれば、科が違おうが何であろうがお構いなしである。いや、そこら辺のオバさんがパキポディウムの名を知っていたら、むしろ不気味かもしれない。

　ところで、パキポディウムは、日本の多肉植物愛好家の間ではかねてから人気の植物であったが、少しマニアックな花屋さんの店先にサボテンなどとともに並べられているのを最近見かけるようになった。売られているのは主に、マダガスカル中央高地の限られた地域に自生するパキポディウム ブレヴィカウレである。

　この植物、枝分かれしても枝がほとんど伸びず、根ショウガのような塊になり、古株はその直径が30㎝を超える。そこに直径4㎝もの鮮やかな黄の花を咲かせる。園芸名を「えびす笑い」というが、自分で育てて咲いたら思わずほくそ笑みそうな花だ。ただしこの名前、株の塊をつくる枝の境目にできる溝を、目尻に皺を寄せて笑う恵比寿さまの顔に見たてたものという。

パキポディウム メリディオナーレ (*Pachypodium meridionale*)　　　（マダガスカル　ベチオ

一方、パキポディウムに近縁なアデニウムは、「砂漠のバラ」の名で日本でも売られている。この植物も多肉質の茎をもつがトゲはない。アデニウム属はアフリカからアラビアの乾燥地に5種が知られており、歳を経ると重量感あふれる高さ2m以上の株になるものもある。いずれの種もローズピンク系の美しい花を咲かせる。

若い果実

パキポディウム ルーテンベルギアヌム　(*Pachypodium rutenbergianum*)
(マダガスカル　ベルシュルチリビヒナ)

キフォステマ　*Cyphostemma*

　この植物に初めて出会ったのはマダガスカル北西部の石灰岩の山の麓であった。ごつごつと尖った岩に足を取られながらひとつの起伏を越えると、突然、目の前の窪みに異様なものが現れ、全身に鳥肌がたち、思わずたじろいで後ずさりしそうになった。それは、高さ2.5m、直径1mはあろうかという巨大な壺のような円錐状の塊で、その頂から伸びる腕より太いつるが、夕暮れの青みを帯びた空間に大蛇のようにのた打っていた。それはもう、植物の域を超えた奇怪な物体としか言い様のないしろものであった。

　この植物はブドウ科キフォステマ属(*Cyphostemma*)の一種であった。キフォステマは世界の熱帯から暖帯にかけて約250種が知られている大きな属で、つる性植物から樹状の多肉植物、壺形植物まで多種多様である。

　その半数近くはアフリカ大陸を中心に分布し、中でも大形の多肉種や壺形植物は乾燥地に集中している。マダガスカルでも主流をなすのはつる性の種で、このように怪物じみたものは乾燥地だけに見られる少数派である。

　キフォステマはブドウ科の植物といっても、実が食べられるわけではない。ブドウよりはむしろ、はびこると厄介なおなじみのつる性の雑草、

キフォステマ ラザ　（*Cyphostemma laza*）　（マダガスカル　アンボサリ）

ヤブガラシに近いのである。小葉が放射状につく掌状複葉のヤブガラシとは、葉の軸の左右に小葉が並ぶ羽状複葉をもつ点で異なるが、平面的に枝分かれした花序につく花はよく似ている。アフリカ大陸にも幹の直径が1mを超す化けものじみたキフォステマが2種あるが、これらは樹木状の姿をした多肉植物で、つるを生じることはなく葉も大きな単葉である。

　植物らしからぬ異様な姿をしたキフォステマにただならぬ力を感じるのは、マダガスカルの人々も同じであるらしい。南西部のとある村を訪ねたら、村の中に真新しい小屋が建てられ、その横に森から掘ってきたばかりのキフォステマ ラザが植えられていた。種小名の「ラザ(laza)」は現地での呼び名そのままで、名声、名誉、栄光といった意味がある。現地でも特別な意味のある植物なのである。

　そこで目的を訊いたら、村に出た気狂いの人を小屋に入れて儀式を行うのだという。ラザには憑きものを落とす不思議な力が秘められているのだそうだ。別の村では村長の家の前に大きなラザが植えられていた。こちらは植えてから25年余りが経っているという。先代が家族の繁栄を願って植えたもので、それが枯れると一家は没落すると村長は話していた。

キフォステマ エレファントプス
(*Cyphostemma elephantops*)
(マダガスカル　チュレアール)

アデニア　*Adenia*

　肥大した幹をもつ異様な形のつる性植物は、キフォステマばかりではない。トケイソウ科のアデニア属（*Adenia*）にも、植物体の形だけ見るとキフォステマと見分けがつかないような種類がある。

　トケイソウ科は新世界の熱帯を中心に17属575種前後が知られ、そのうち約350種を占めるのがトケイソウ属（*Passiflora*）である。トケイソウという名の植物は知らなくても、パッションフルーツといえばわかる人も多いと思う。いかにも熱帯の果物らしい香りのするパッションフルーツは、クダモノトケイソウをはじめトケイソウの仲間数種からとれる果物である。その実を生で食べたことはなくても、ジュースやジャムになったものを味わったことのある人は多いのではないだろうか。トケイソウの名は、多数の糸のように細く裂けた副花冠を時計の文字盤、3方に分かれた雌しべの柱頭を指針に見立てたものである。

アデニア ネオフンベルティの花　（*Adenia neohumbertii*）　（マダガスカル　アンビロベ）

アデニア ネオアンベルティ （ *Adenia neohumbertii* ） （マダガスカル　アンビロベ）

　トケイソウ属はウリのような巻きヒゲをもつ変哲もないつる性植物だが、アデニア属の植物には同じ仲間とは思えないほど変わったものが多い。アジアからアフリカにかけての熱帯に約90種あるアデニア属のうち、壷形植物やトゲのある変わった姿の種が集中して見られるのが、アラビア半島やアフリカ東部、そしてマダガスカルの乾燥地である。

　アデニアには乾期には落葉し、緑色の幹や枝で光合成を行うものが多い。マダガスカル西部には、幹の基部が壷形や円柱状に肥大する種が多い。同じような形の種はアフリカにも見られ、アデニア グロボーサ（ *A. globosa* ）は球茎の幹に太いトゲを生やした緑色のつる状の枝を多数つけ、葉は一切つけない。

その他の植物

ハウォルティア

　南アフリカ原産のアロエ科の小型多肉植物で、葉の先端部が透明な窓植物である。植物体の大半は地中に埋まっているが、窓から光が差し込み光合成を行う。

ハウォルティア アラクノイデア
(*Haworthia arachnoidea*)
(南アフリカ　コグマンスプルーフ)

ハウォルティア レツーサ
(*Haworthia retusa*)
(南アフリカ　リバースデール)

ホホバ

　バハカリフォルニア原産。種子に含まれる水性ワックスは、良質な潤滑油（ホホバオイル）として利用される。種子重の約50％がホホバオイル。

ホホバ（ *Simmondsia chinensis* ）
(進化生物学研究所)

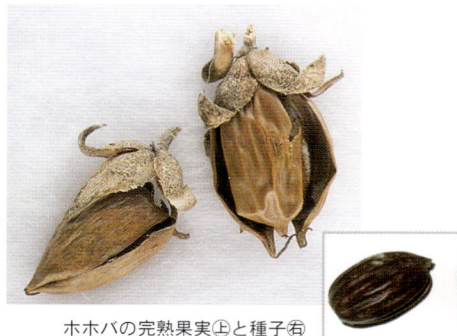

ホホバの完熟果実㊤と種子㊨

樽型植物

　乾燥地では、水を植物体内に貯水し、茎、幹の多肉化が進み全体の形が樽型になる植物が多く、これを総称して樽型植物と呼ぶ。
　乾燥が進んでいる地域では全く別の科同士の植物であってもよく似た樽型になこともある。
　マダガスカルの乾燥地域に分布する、ワサビノキ科のモリンガ、マメ科のトックリホウオウボクやキワタ科のバオバブなどの樽型が進んだ植物は、別の科なのだが一見しただけでは、近い仲間同士ではないかと見間違えてしまうこともある。

樽型植物モリンガ　（*Molinga droughardii*）　　（マダガスカル　チュレアール）

幹の基部が細くなる樽型植物トックリホウオウボク
(*Delonix adansonoides*)
（マダガスカル　チュレアール）

ハタオリドリ　Weaver

　ハタオリドリはスズメと同じハタオリドリ科に属し、スズメよりもやや大型で、雄は種によって赤や黄色の非常に美しい体色を持つが、雌は一般に地味な茶褐色の種が多い。
　アフリカから南アジアにかけて分布し、約100種が知られている。餌は主に種子を食べる。イネ科の枯れ草や、ヤシの繊維などを編んでかご型の非常に精巧な巣を作る。
　アフリカやマダガスカルでは一本の大きなバオバブの木に数百もの巣を作り、1000羽以上にもなる大きな集団をよく見かける。

ハタオリドリ（*Ploceus sakalava minor*）の雄
（マダガスカル　アンボサリ）

Pの字型に編まれた巣。何故か入り口は下方に作られるので、時々ヒナが巣から落ちる。

乾生林の破壊と保全

広大なサイザル（*Agave sisalana*）畑　点在するザーバオバブが以前は乾生林であったことを物語っている

焼き畑による破壊が進む

樹皮が厚く貯水性に富む大きいバオバブだけが生き残る

外来植物サイザルに侵食された乾生林

写真は両ページともマダガスカル　アンボサリ

　世界の乾燥地では、毎年九州と四国を合わせた面積とほぼ同じ約6万km²もの乾生林が砂漠化などにより失われている。
　現在、全乾燥地の20％ですでに乾生林が失われていると言われている。そして、今なお乾生林消失の速度は止まらず、このままでは地球上から乾燥地の自然植生は失われてしまいそうにさえ思える。乾生植物以外の植物にとっては生育することが困難な乾燥地において広範囲にわたって自然植生が失われたならば、世界各地で緑化の研究が進められているとはいえ、緑を回復するのは容易ではないと思われる。
　また、近年地球温暖化による地球環境への影響が大きな問題となっている。もし、このまま乾燥地の植生が消失し砂漠化が進めば、貴重な自然が失われるばかりでなく、当然の事ながら乾生林が失われた分の二酸化炭素固定量が減少し、地球温暖化を促進することも懸念される。
　ところで、乾生林消失の原因の内13％は干ばつなどの気候的要因によるが、87％は人為的要因によるとされている。人為的要因の主たるものとしては、人口増加に伴い自然の許容範囲を超えた過剰な放牧、焼き畑、薪炭用の伐採および不適切な水管理による塩害などが挙げられてい

る。また、一部地域では営利目的で導入された栽培作物が、管理が不十分なために自然林に侵入し、乾生林の衰退に拍車を駆けている。

　今まで悲劇的な現状ばかりを述べてきた。確かに世界中の乾生林が完全に失われてしまってからでは、乾生林を復元することは不可能であろう。まだ80%の乾生林が残っている今だからこそ、乾生林の消失を防ぐためにあらゆる努力を払うべきではないだろうか。

外来植物ウチワサボテンに侵食された乾生林

乾生林を伐採して作った炭を運ぶ

ヤギによる食害

現地スタッフと共に苗を育成している日本人スタッフ

アルオウディア プロケラの枝を切り、挿し木の苗を作る

プロケラの挿し木苗を定植する乾生林の住民

写真両ページともマダガスカル　アンボサリ

　現在、乾燥地には世界人口の約20％の人々が住んでいると言われている。

　多くの場合この地域にはガスも電気もなく、必然的に乾生林の住民は生きるために森林資源に依存せざるを得ない。

　その様な事情を考慮して、我々のグループはマダガスカル南部の乾生林で1991年より郵政省の国際ボランティア貯金などの援助を受けて自然林復元活動を行っている。幸いにしてマダガスカルでは、まだ乾生林が多く残っている。しかし、人口増加に伴い、自然の復元力を上回る勢いで森林資源の利用が進み、更にサイザルやウチワサボテンなどの外来植物が乾生林に侵入し、徐々に乾生林が衰退しつつある。

　そこで我々は、乾生林の復元力を高めるため、地域住民と共に自然植生を精力的に植栽すると共に、乾生林を浸食する外来植物の除去を行ってきた。11年経った現在、徐々にその成果が得られ始めている。

乾生林の生活

　乾燥地という過酷な場所にも人は暮らしている。小さいながら街もある。さらに街の数以上に、地図にも載っていないような小さな村がたくさん存在する。

　特にそのような村では「秘境」とまでは言わないが、現代文明とかけ離れた生活を送っている。

　そして、それは実にシンプルなものだ。早朝、日も昇っていない涼しい時間に畑仕事などを済ませ、昼間の暑さは木陰に座ってすごす。そして日が沈んだら寝るというように、自然に合わせたリズムで生活している。電気、水道、ガスなどは、なくて当たり前、水は川から汲み、火は自分でおこす・・・いや、ライターは持ってたな。それでも、ほとんど自分たちの手で済ませる。彼らがラジオ（村に1台）以外の機械、ましてコンピュータなんて使っているところ、見たことがない！未来永劫、無いように思えてしまう。

　今の日本のように夜でも明るく、冷暖房で年中快適にすごす、といった不自然な生活とは無縁の世界なのである。厳しい自然とともに生きる人々。彼らの生活は、人と自然のあるべき姿を我々に示しているかもしれない。

主食のトウモロコシの皮をむく

トウモロコシを粉にする
（粥にして食べる）

乾燥地に放牧されている
コブウシ

民芸品の木彫りを作る村人

木彫りを売る村の子供達

薪を運ぶ村人

両ページともマダガスカル　ラヌマインティ

体験記

水

　「生命の水」とはよく言われる言葉ですが、マダガスカル南部乾燥地で私は身をもってその言葉の深さを学んできました。
　私は約9ヶ月間、マダガスカル島南部に位置するアンタニビナキィ、ラヌマインティ、アンカプカの3村でボランティア サザンクロス ジャパン協会の活動に参加させてもらいました。初めて村を訪れた日、まず、今までに体験したことのない種類の暑さに驚きました。半そでのTシャツから出た素肌はピリピリ痛み、空気は乾ききっていて体感湿度は「湿度にマイナスってあったかな・・・・？」と考えてしまうような、強烈な乾いた暑さなのです。「灼熱の大地とはこういう場所のことを言うのだろうなぁ」とクラクラしながら思ったことを覚えています。そして、目の前の乾ききった風景の中に人がいて、動物がいて、家があり、村があるのを信じられないような気持ちで眺めていました。活動を続けるうちに、村の人達はこの厳しい気象条件にあった生活リズムを持っているということがわかってきました。朝は早く、まだ暗い内から起きだし活動をはじめ、暑い日中はできるだけ動かずに身体を休めて暑さをやり過ごします。そして日の落ちかけた夕方から活動を再開するのです。
　一度、真っ昼間に植栽地の測量を行ってしまい、このリズムの重要性を体感したことがあります。数時間暑さの中にいると、それがどんなに暑くとも何となくその気候に慣れてきてしまうようで、気持ちの上では大してつらくないのですが、体のほうが正直で、どんどん体中の水分を失っていくのがわかるのです。汗をかいて、それが乾いて白くなるということは今までにも経験があったのですが、最終的にはその汗すらも出なくなってしまうことを初めて知りました。その後、村で唯一の商店でコーラを買ったのですが、体中の細胞が水分を求めていたようで、炭酸飲料にあまり強くない私が1リットルものコーラを一気に飲み干してしまいました。面白かったのがコーラを口にした直後でした。飲み始めるのとほぼ同時に、今までからからに乾いていた皮膚から一気に、まさに滝のように汗が流れ出してきたのです。いかに暑さが厳しいかを身をもって知ると同時に、村の生活リズムの重要さを気づかされた体験でした。

このような厳しい気象条件の中で、唯一水を提供してくれる川は村人の生活に欠かせない大きな存在となっていました。村の女性たちは少なくとも一日に2度、バケツを手に川へ向かいます。川へ着くと女性たちはまず川の縁にしゃがみこみ石鹸を泡立てて洗濯を始めます。洗い終わった衣類は直接近くの草や木の上に干され（置かれ？）、つづいて水浴びが始まります。その後、炊事用の水をバケツに汲み入れ、このほんの15分ほどの間にすっかり乾いてしまった洗濯物を集めて家路につくのです。石鹸の泡はもちろん、時には牛のウンチなんかも端の方に浮いていたりするのですが、「水は水」とばかりに全く気にも留めない彼らを見るうちに、ここでは水が如何に貴重なものであるのかを改めて思い知らされたような気がしました。

　私には過酷としか思えない村の生活ですが、彼らは自分たちの村が好きだといいます。実際、彼らは生活の知恵をフル活用して、逞しく、厳しい気候に順応していました。そして彼らにとっての水とは、想像以上に貴重なものでした。あの川の水は間違いなく、村人にとっての「生命の水」であったように思います。

栗林　愛

あつい

　夕日が団地の間に沈んで行く。日本にいても美しい夕日が見られる場所は沢山ある．しかし、私の部屋から見える空は狭い。マダガスカルで暮らしていたのは6年前。暑かった空気と美しい空を思い出しながら………．
　マダガスカルの暮らしに慣れ始めたころのこと、その日もいつもと同じく暑い日だった。
　お昼ご飯の準備をしていた私は不思議に思った。火の付いていないナベの味噌汁からプクプクと泡が。首を傾げながら蓋を開け、お玉で掻き混ぜると薄く白い膜が破れ、その瞬間鼻を突く異臭。まさか、朝作ったばかりなのに。普段は皆で残さずに食べきっていたが、たまたま多く作りすぎ、昼にと置いてあったのだ。「ああもったいない」泣く泣く捨てた私は、次ぎからは迷わずナベごと冷蔵庫に入れた。
　私の居た南部の町フォールドーファンは、とにかく暑い。三方を海に囲まれているので海風が吹くと幾分暑さを忘れられるときもある。
　しかし、そこから車で国道13号を西へ約1時間マダガスカルの中央を南北に延びる高地を越えると、島全体で最も乾燥した暑い地域に入る。そこでは空気が「暑い」ではなく「熱い」と書いた方が伝わるだろうか。雨期に入っても余り雨は降らず、日中の気温は体温より高くなり日陰でも45℃を記録したこともある。熱い空気が体を押し包み、まるで太陽が頭上10cm位にあるような陽射しがTシャツを突き抜け肌を焼く。細く延びた国道のアスファルトからの照り返しがこれまたアツイ。暑いのが大好きな私でもさすがに頭がボーとして、刺の森では数少ない木陰を探して座っていた。静かに太陽が傾くのを待っていたとき、私の視界は広がる大地が1/3、その上全部が真っ青な空。熱い大地を大きく包み込んでいるよう。「ああキレイだなあ」生きて行くのに過酷な土地をキレイの一言で方付けてはいけないのかもしれない。でも澄んだ空気は大地と空の本当の姿を映し出してキレイだった。

話はフォールドーファンの町に戻るが、ある晩寝ようと部屋の電気を消すと窓の外が明るい。青白い光が…？。庭に出てみると空には大きな満月。「青い、世界が青い」と思わず声に出した程驚いた。満月の光で影がくっきりと地面に落ちる。闇夜に溶けるはずの草木も葉の1枚までよく見える。鳥肌が立つほど青く美しい夜を散歩しながら澄んだ空気を体感した。町では車が3台並べば渋滞と言う位で排気ガスが少ないからだろうか。
　島の南端フォールドーファンは夕方、岬に立つと不思議な空が見える。西は夕日が雲をオレンジ色に染め、光を放っている。南は遠くで暗雲、時々光る稲妻が雲の陰影と雨の降る様を浮かび上がらせている。東を向くと群青から闇へのグラデーション。それら全部が自分の頭の上で一つにつながっていた。マダガスカルの風土が培う景色、日本とは違うものを体感できた私は幸せに思う。一生のうちに忘れられない風景がこんなにも多く胸に焼き付いているのだから。

佐藤　貴子

一日

　私がマダガスカルに行ったのは9月で、季節はちょうど日本でいうと暖かくなり始めた春のようでした。住んでいた町は南西の港町で、そこから50キロほど東に行ったところにある三つの小さな村で、マダガスカルの乾生林の復元を進めているNGOのお手伝いをしました。

　海辺の町はとても穏やかな気候なのですが、東の峠を越えると景色も気候も変わり、乾燥して固い土の村に着きます。一本しかない道路の両側には刺のある細長い植物がニョキニョキと見上げるほど高くまでそびえているのが目立ちます。さらに9月も半ばを過ぎると、そのキュウリでできた電信柱のような木のてっぺんに無数の小さな花が丸い塊になって咲き、遠くから見るとまるでネギの頭のようでした。道を進むと、大きなネギボウズがゆらりゆらりとゆれながら私たちを取り囲み、不思議な場所に迷い込んだようでした。

　村々を歩いて、家にどんな人が住んでいるのか調査して回りました。水道も電気もない厳しい乾燥地域の生活ですが、村の人たちはみな明るく、いろいろと話してくれました。村には六畳ほどの大きさの木でできた四角い家と、その半分くらいの面積に作られた三角の家が点在しています。四角い家には三世代くらいの家族が住み、小屋の中に囲炉裏の穴があって、炭が燃えていました。朝に行くとそこでとろりと濃いコーヒーのような飲み物をふるまってくれました。近くに市の出るような村はなく、どこで仕入れてきたのかわからないのですが、濃厚でいっきに眠気が吹き飛びます。歩いて村へ行く途中で槍を持って牛を世話している少年に会い、サボテンの紫色の実を一緒に食べました。キウイのような不思議に甘酸っぱい味がします。それから、村の子どもたちはよく私たちの後をついてきていたずらをしたり遊んだりしています。あるときカメラを向けると、みんなが拳法のかまえのような格好をするので何かと聞くとなんと「ブルース・リー」と男の子は言いました。テレビも雑誌もないのにいったいどこで見たのか、それでもなかなか格好がついていて、真似して小さな女の子まで妙な構えで片足を上げて転んだりしていました。

　村から村への移動は、ずっと続く道を歩いてもなかなか見えない村を目指すのですが、案内人の青年サンベマナは歌を歌います。「オー、オー、サンベマーナよー」という、前に来た日本人が何かのメロディーを少し変えて作った歌のようです。サンベマナのテーマという名前の歌で、この歌を聞いたらこれから行く村の人が、もうすぐ私たちが来るのがわかる、と言うのです。私たちは目にも見えないほど遠くにある村に、特に腹式呼吸も使っていない鼻歌のような歌が伝わるとは思えなかったのですが、行くと本当に

村長さんや話し好きの村のおばちゃんたちや子供たちが集まっていました。道端で観光客用に木彫りの人形やバオバブの種などを売っている中に、まだ磨かれていない水晶のような石を並べて売っている人がいました。どこで採ってきたのか売っていたおばちゃんに聞くと、はるか遠くの目を凝らさなければ見えないような山を指差して、これは私が採ってきたの、と教えてくれました。村の人はみんな裸足でかかとは硬く、よく歩きます。ある朝、村で唯一田んぼを持っている村長の奥さんが、「ちょっと田んぼに行こう」と言うのでついて行くとずんずんと野を越え川を渡ってかなり歩きました。たどり着くと乾燥していた硬い土ではなく、水が蓄えられた田んぼが広がり、アジアの田園風景のようなのに遠くのほうにアフリカらしくバオバブが生えて鳥が集まっていて、これも不思議な光景でした。

　日が落ちると村ではあちこちの家の中や外で、焚き火や七輪の明かりがぼんやりとまあるく灯るのが見え、その周りに家族が集まっていました。くたくたに疲れて帰ってきた私たちに、サンベマナの奥さんは、私たちが帰ってくる時をみはからっていたらしく、外の焚き火でつくっていた豆といもの蔓を煮た夕ごはんをすぐに出してくれました。電子レンジなどなくても、あたたかいごはんを疲れた私たちに出してくれるこの村の人のあたたかさが、私は好きでした。

小松　潤子

植物リスト

リュウゼツラン科　Agavaceae
Agave americana　31
Agave atrovirns　31
Agave deserti　30
Agave sisalana　88
Agave tequilana　31
Dasylirion wheeleri　29
Yucca blevifolia　28
Yucca elata　30
Yucca schidigera　29

マツバギク科　Aizoaceae
Lithops aucampiae　44
Lithopa julii　44
Lithops karasmontana　44
Lithops meyeri　44
Lithops olivacea　44,45

アロエ科　Aloaceae
Aloe antandri　37
Aloe capitata var. cipolinicola　39
Aloe calcairophila　38
Aloe claviflora　14
Aloe descoingsii　39
Aloe dichotoma　36
Aloe divaricata　37
Aloe suzannae　38
Aloe vaombe　37
Aloe vaotsanda　39
Haworthia arachnoidea　84
Haworthia pygmaea　20
Haworthia retusa　84

ヒガンバナ科　Amaryllidaceae
Anigozanthos manglesii　12

パイナップル科　Ananaceae
Abromeitiella brevifolia　35
Puya raimondii　32,33
Tillandsia duratii　34

キョウチクトウ科　Apocynaceae
Pachypodium brevicaule　77
Pachypodium geayi　20,76
Pachypodium lamierei　77
Pachypodium meridionale　78
Pachypodium namaquanum　77
Pachypodium rutenbergianum　79

キワタ科　Bombacaceae
Adansonia fony　15,18,52,53
Adansonia grandidieri　51
Adansonia za　50,51,52

ツゲ科　Buxaceae
Simmondsia chinensis　84

サボテン科　Cactaceae
Austrocylindropuntia weingartiana　25
Carnegiea gigantea　8
Cylindropuntia bigelovii　23
Echinocactus grusonii　18
Ferocactus acanthodes　22
Helianthocereus bertramianus　25
Neocardenasia aff. herzogiana　24
Opuntia spinosior　23
Oreocereus neocelsianus　25
Oreocereus trollii　10

ベンケイソウ科　Crassulaceae
Kalanchoe arborescens　74
Kalanchoe beharensis　73,74
Kalanchoe bracteata　73
Kalanchoe blossfeidiana　73
Kalanchoe grandidieri　72
Kalanchoe pinnata　21
Kalanchoe tubiflora　73

ディディエレア科　Didiereaceae

Alluaudia ascendens	18,56,59,62,63
Alluaudia comosa	60
Alluaudia dumosa	58,62
Alluaudia hunbertii	58,62
Alluaudia montagnacii	60
Alluaudia procera	56,60,62,63,64,65
Decaryia madagascariensis	61
Didierea madagascariensis	15,57,62
Didierea trollii	58

トウダイグサ科　Euphorbiaceae

Euphorbia helioscopia	40
Euphorbia lasiocaula	40
Euphorbia genoudiana	40
Euphorbia kondoii	40
Euphorbia horrida	42
Euphorbia milii	40
Euphorbia plagiantha	42
Euphorbia polygona	14
Euphorbia pulcherrima	40
Euphorbia oncoclada	42
Euphorbia tirucallii	41
Euphorbia stenoclada	41

フォウキエリア科　Fouquieriaceae

Fouquieria splendens	23

マメ科　Leguminosae

Delonix adansonioides	86

ワサビノキ科　Moringaceae

Moringa　droughardii	85

トケイソウ科　Passifloraceae

Adenia neohumbertii	82,83
Adenia globosa	83

ゴマ科　Pedaliaceae

Uncaarina abbreviata	69
Uncarina decaryi	69
Uncarina grandidieri	66,69,70
Uncarina leandrii	69
Uncarina leandrii var. rechbergii	68
Uncarina perrieri	68,69
Uncarina leptocarpa	68,69
Uncarina peltata	69
Uncarina roeosliana	69,70
Uncarina stellurifera	67,69
Uncarina toricana	69

ヤマモガシ科　Proteaceae

Banksia pilotlis	13

セリ科　Umbelliferae

Murinum spinosum	11

ヴェロジア科　Velloziaceae

Xerophyta dasylirioides	19

ブドウ科　Vitidaceae

Cyphostemma elephantops	81
Cyphostemma laza	80

ウェルウィチア科　Welwitschiaceae

Welwitschia mirabilis	19,48

ススキノキ科　Xanthorrhoeaceae

Xanthorrhoea minor	13

地名リスト

(ア行)

アジア	47,54,83,73,87
アステカ	27
アフリカ	24,37,40,45,47,54,73,77,79,83,83,87
アフリカ大陸	51,77,81
アメリカ	8,22,23,25,28,29,30
アラビア	37,47,79,83
アルゼンチン共和国	11
アルティプラノ	10
アンゴラ	48
アンタナナリヴ	17,77
アンデス	10,11,24,25,34
アンドラヌプリ	67
アンバトフィナンドラハナ	39
アンパニヒ	37,39,50,60,74
アンビロベ	82,83
アンボサリ	15,37,38,40,41,42,43,52,54,57,58,59,61,65,71,73,74,80,87,89,91
イバト	77
インド	37
ヴェネズエラ	31
エジプト	27
オーストラリア	12,24,47,51
オブレゴン	9

(カ行)

グルナウ	44
コイロナレス	11
コグマンスプルーフ	84
コタガイタ	10
ゴビ砂漠	47
コモロ諸島	54
コロンビア	31

(サ行)

サカラハ	37
サンディー砂漠	47
サンファンカスピスプラー	9
ソノラ砂漠	8,23,29,30

(タ行)

タリハ	24,35
チリ共和国	11
中央アジア	47
中央アメリカ	47
中米	31
チュレアール	15,42,52,57,60,67,72,76,81,85,86
ツァラタナナ山	73
トゥクチェ	16

(ナ行)

ナマクアランド	14,36,77
ナミエス	44,45
ナミビア	19,44,45,47,48,77
ナミブ砂漠	19,47,48
南米	34
南米大陸	11
南北アメリカ大陸	24,33
西インド諸島	31
ネッド砂漠	47
ネパール	16
ネパールガンジ	16

(ハ行)

パース	12
パタゴニア	11,25
バハカリフォルニア	9,84
ハリスコ州	31
ヒマラヤ	16
フォールドーファン	40
ブラジル	24
ベチキオ	78
ペルー	34
ベルシュルチリビヒナ	79
ポートエリザベス	14
北米	31,47
ポストマスバーグ	14,44
ボツワナ	44
ポトシ	25
ボリビア	10,20,24,25,32,34,35

(マ行)

マジュンガ	68
マスカレーン諸島	37
マダガスカル	15,17,26,27,30,37,38,39,40,41,42,43
	50,51,52,53,54,57,67,71,73,77,78,79,80,81,82,83,85,86,87,89,91,93
マレーシア地方	37
南アジア	87
南アフリカ	14,36,42,44,45,77,84
ムスタン地方	16
ムルンダバ	51,68
メキシコ	9,24,27,29,31,34
メルボルン	12,13
モハベ砂漠	8,22,23,28,29,30

(ヤ行)

ユーラシア	24
ユニオンダーレ	42

(ラ行)

ラヌマインティ	93
ラパス	20,25,32
リバースデール	84
レカーシング	44

(ワ行)

ワームバッド	44

索 引

(英字)
century plant	29
thorn forest	18
xerophilous forest	18
xerophyte	18

(ア行)
アオスジハナバチ	70
アガベ	31
アデニア	82,83
アデニウム	77,79
アナカンプセロス	45
アナナス	33
アニェホ	31
アメガレア	70
アルオウディア	15,18,26,57,58,62,65,91
アルオウディオプシス	57
アロエ	36,37,38,45,84
アンタンドゥルイ	64
アントシアニン	60
イネ科	10,27,87
インドリ	54
ウェルウィチア	48
ウンカリーナ	15,66,67,69,70,71
エアープランツ	33,34
えびす笑い	78

(カ行)
外来植物	90,91
化学構造	60
ガステリア	37
カナボウノキ科	58
カブトムシ	43
CAM植物	21
カメムシ	49
カランコエ	72,73,75
カルー	14
観賞植物	37,18,21
乾生植物	18,89
乾生林	6,18,26,51,57,62,73,75,88,89,90,91,91,92
乾燥適応	18
キク科	10
気候的要因	89
キツネザル	54
キフォステマ	80,81,82
球根・イモ型	20
旧大陸	29
キョウチクトウ科	77
キワタ科	51,85
クラッスラ	45
群系	18
群生相	27
携帯食	20
月下美人	24
原猿類	54
コア	31
光合成	18,21,46,52,63,83,84
コガネムシ	43
コガネムシ科	43
孤独相	27
ゴマ科	15,67
ゴミムシダマシ	43,47

(サ行)
サイザル	30,88,91
砂漠のバラ	79
サボテン	8,9,10,21,22,23,24,25,30,40,42,58,90,91
沙羅双樹	16
サンセヴェリア	29
C3植物	21
C4植物	21
ジグザグノキ	61
刺座	58
自然林復元活動	91
ジャガイモ	20
ジャカランダ	43
シャンプーの木	71
集合相	27
食害	90
進化生物学研究所	13,31,55,60,84
深根型	19
新世界	24,82

新大陸	29
スジコガネ	43
ススキノキ科	12
石油植物	41
セリ科	11
全乾型	19

(タ行)

ダチョウ	45
タテハモドキ	26
多肉植物	14,21,23,40,44,77,80,84
樽型植物	85,86
短枝(葉)	18,40,58,59
短命型	19
着生植物	34
チューニョ	20
長枝(葉)	59
壺型植物	80,83
ツメアカシロチョウ	26
つる性植物	24,80,82
ディッキア	34
ディディエレア	15,21,56,57,58,60,61,62,63,64
ティランジア	33,34
デカリヤ	57
テキーラ	9,31
テナガザル	54
テルペノイド	41
転移相	27
トウダイグサ科	21,40
刺	18,40
トケイソウ科	82,83
刺座	23
刺植物	18
トックリホウオウボク	85,86
トノサマバッタ	27
トビバッタ	27
トラ	10
トラール	10
ドラセナ科	29

(ナ行)

南米大陸	11
ノウゼンカズラ	67

(ハ行)

パイナップル	10,32,33,34
ハウォルチア	14,37,46,84
バオバブ	50,51,52,63,78,85,87,88
パキポディウム	76,77,78,79
ハタオリドリ	87
パッションフルーツ	82
バラ科	16
半乾燥地	6,7
ピーニャ	31
ヒガンバナ科	29
ピグミーマーモセット	54
ヒツジ	45
ピノス	31
ヒマドール	31
ヒメハナバチ	70
プーナ	10
フェネストラリア	46
フタバガキ科	16
不定芽	74,75
ブドウ科	80
プヤ	34
フラボノイド	60
フリーズドライ食品	20
プルケ	31
分散相	27
平行現象	40,47
ヘクソドン	43
ヘクティア	34
ベンケイソウ	21
放牧	10,45,89,92
ホソチョウ	26
ホホバ	84
ホロホロチョウ科	17

(マ行)

マクロガレア	70
マツバギク科	44
窓植物	46,84
マメ科	26,85
ミルクブッシュ	40
無葉型	18
メスカル	31
メセン	45
モリンガ	85

(ヤ行)

焼き畑	89
ヤマトオサムシダマシ	47
ヤマモガシ科	12,13
ユーカリ林	12,13
有刺林	18
ユーフォルビア	14,15,40,41,45,74
ユッカ	30
ユリ科	29,37

(ラ行)

落葉型	18
リトープス	14,44,45,46
リャマ	10
リュウゼツラン	8,9,28,29,30,31
レポサド	31
レムール	54,55

(ワ行)

ワサビノキ科	85

参 考 文 献　　　　References

1) ARMSTRONG,P., 1983. The disunct of the genus Adansonia L.Nat. Ceog. J. India 29 : 142〜163.
2) ARROW, G., 1912. A synoptical review of the coleopterous genus Hexodon (Dynastinae), Ann. Mag. nat. Hist. (8) 9; 594-600.
3) BACKEBERG, C., 1958-1962. Die Cactaceae, Band Ⅰ〜Ⅵ. Veb Gastav Fischer Verlag. J.
4) BAILEY, L.H. and E. Z. BAILEY., 1977. Hortus Third. Macmillan Publishing Co., Inc., New York.
5) BATTISTINI, R. and G. RICHARD-VINDARD(ebs.)., 1972. Biogeography and ecology in Madagascar. 765pp.W. Junk B. V..Hague
6) DECHAMBRE, P., 1986. Faune de Madagascar 65 Insectes Coleopterea,Dynastidae:1−215
7) GOKAN, N., 2000. Morphological Comparisons of Compound Eyes in Scarabaeoidea (Coleoptera)Related to the Beetles. Daily Activity Maximama and Phylogenetic Position. J. Agr. Sci., Tokyo Univ. Agr., 45(1): 15-61.
8) IWASHINA, T. Z. A. RABESA and N. KONDO., 1994. Foliar Flavonoids from Alluaudia humbertii and A. comosa and Their Distribution Pattern in Didiereaceae. Sci. Rep, Res. Inst. Evolut. Biol. 8 : 1-9.
9) Humbert, H ., 1962. LES PEDALIACEES DE MADAGASCAR . Adansonia (ser 2) 2 (2) : 200‐215, 3pl.
10) Humbert, H ., 1971. FLORE DE MADAGASCAR : FAMILLE PEDALIACEES 179e.
11) Museum National D' Histore Naturelle., 5-46.
12) MUNOS, C., 1966. Sinopsis de la Flora Chilena. Ediciones de la Universidad de Chili, Santigo.
13) QUINTANILLA, V., 1983. Geografia de Chile , Tome Ⅲ, Biogeografia. Institude Geografico Militar, Santiago.
14) Ratsimamanga., 1995. Kalanchoe de Madagascar. Systematique, ecophysiologie et phytochimie.
15) RAUH, W., 1973 Uber die zonierng und differenzierung der vegetation Madagaskars. 144pp.
16) RAYMOND-HAMET et J. MARNIER-LAPOSTOLLE ., 1964. LEGENRE KALANCHOE . AU JARDIN BOTANIQUE.
17) UMEYA, K., 1974. Anatomy of the Alimentary Canal of the Genus Hexodon (Coleoptera, Scarabaeidae) Endemic in Madagascar. Konchu, Tokyo, 42(1): 44-50
18) UNITED NATION ENVIROMMENT PROGRAME., 1997. World Atlas of Desertification 2nd Edition.

19) Urs Eggli (Ed)., 2002. Illustrated Handbook of Succulent Plant, Pedaliaceae: 351-360.
20) 岩科　司., 2001.　ベタレイン色素を合成する植物の科におけるフラボノイドとその分布（総説）.
　　筑波実験植物園研究報告　20: 11-74
21) 近藤典生., 東京農業大学マダガスカル動植物調査隊, 1965.　マダガスカルの自然. 66pp　東京農業大学
　　育種学研究所.
22) 近藤典生., 進化生研ライブラリー2　バオバブ. 101pp（財）進化生物学研究所,
　　東京農業大学農業資料室
23) 黒沢高秀．横井政人．松居謙次., 1997. トウダイグサ. 植物の世界　4巻: 44-52. 朝日新聞社
24) 酒井治孝., 1997.　ヒマラヤの自然史. 290pp. 東海大学出版会.
25) M.クルーゲ，I.P. ティン　野瀬昭博　訳.,1993. 砂漠植物の生理・生態. 216pp. 九州大学出版会
26) 島田保彦., 2001.　THE GENUS 生ける宝石リトープス. 同文書院.
27) 杉原英行、橋詰二三夫., 2000.　マダガスカル南部の乾性有刺林に生息するチョウ類.
　　進化生研研究報告 9：275−282
28) スーザン・カーター., 1997.　アロエ科. 植物の世界　9巻: 279−284. 朝日新聞社
29) トニー・モスリン., 1977.　未踏の大自然/アンデス. タイム　ライフ　ブックス.
30) 西田　誠., 進化生研ライブラリー5　裸子植物のあゆみ.P62−64.　信山社
31) 吉田　彰., 1990. 誰も見なかった楽園. 172pp.　草土出版
32) 湯浅浩史., 1995. マダガスカル異端植物紀行.181pp. 日経サイエンス社

あとがき

　本書を出版するにあたり、ご協力頂いた鶴巻洋志主任研究員をはじめとする研究所の方々、激励と適切なご指導賜りました東京農業大学農業資料室の梅室英夫氏ならびに編集に多大なご尽力をいただいた原口光雄氏、出版をお引き受け下さった信山社の袖山貴氏に衷心より御礼申し上げる。

　また、貴重な写真および情報を提供してくださった，林　雅彦、青木俊明、島田明彦の各氏および英文タイトルを付けるのににあたりご助言くださった Gerri Sorrells氏にあらためて御礼申し上げる。

　最後に、本書では乾燥地の自然を紹介したが、乾燥地のみならず、地球すべての自然が守られることを切望する。

2003年2月13日
著者一同

ユーフォルビアとモリンガの乾生林　　（マダガスカル　チュレアール）

担当者一覧

監　修
淡輪　俊（Tannowa Takashi）　　1949年生
　東京農業大学農学部農学科卒
　（財）進化生物学研究所理事長

総編集
芹澤良久（Serizawa Yoshihisa）　　1951年生
　東京農業大学大学院農学研究科博士課程単位取得
　（財）進化生物学研究所主任研究員　農学博士

著　者
岩科　司（Iwashina Tsukasa）　　1952年生
　玉川大学農学部農学科卒
　国立科学博物館筑波研究資料センター主任研究官
　茨城大学教授　農学博士

梅室　英夫（Umemuro Hideo）　　1944年生
　東京農業大学農学部農学科卒
　東京農業大学農業資料室

大庭　庸史（Ooba Youji）　　1976年生
　東京農業大学農学部農学科卒
　（財）進化生物学研究所研究員

蒲生　康重（Gamou Yasushige）　　1973年生
　東京農業大学大学院農学研究科博士課程在籍
　（財）進化生物学研究所研究員　農学修士

肴倉　孝明（Sakanakura Takaaki）　　1952年生
　東京農業大学大学院農学研究科博士課程単位取得
　（財）進化生物学研究所主任研究員　農学博士

白石幸司（Shiraishi Kouzi）　　1940年生
　東京農業大学大学院農学研究科博士課程単位取得
　（財）進化生物学研究所主任研究員　農学修士

杉原　英行（Sugihara Hideyuki）　　1974年生
　東京農業大学大学院農学研究科博士前期課程修了
　（財）進化生物学研究所研究員　農学修士

橋詰　二三夫（Hashizume Fumio）　　1975年生
　東京農業大学農学部農学科卒
　（財）進化生物学研究所研究員

三宅　義一（Miyake Yoshikazu）　　1925年生
　九州大学理学部修了(福岡県研修生)
　（財）進化生物学研究所客員研究員

吉田　彰（Yoshida Akira）　　1949年生
　東京農業大学大学院農学研究科博士課程単位取得
　（財）進化生物学研究所主任研究員　農学博士

手　記
栗林　愛（Kuribayashi Ai）　　1976年生
　広島大学大学院国際協力研究科卒

小松潤子（Komatsu Junko）　　1981年生
　立命館大学産業社会学部在学

佐藤　貴子（Satou Takako）　　1971年生
　東京農業大学農学部農学科卒

編集・デザイン
原口　光雄（Haraguchi Mitsuo）　　1955年生
　東京農業大学農学部農芸化学科卒
　東京農業大学農業資料室

生きぬく　乾燥地の植物たち

2003年3月20日　第1版第1刷発行	1536-0101

監　修　淡輪　俊
デザイン　原口　光雄
共同企画　財団法人　進化生物学研究所
　　　　　〒158-0098　東京都世田谷区上用賀2－4－28
　　　　　東京農業大学　農業資料室
　　　　　〒156-8502　東京都世田谷区桜丘1－1－1
発行者　今井　貴
発行所　株式会社　信山社
　　　　〒113-0033　東京都文京区本郷6－2－9－102
　　　　TEL 03 (3818) 1019　　FAX 03 (3818) 0344

印刷・製本／図書印刷・大三製本
ISBN 4-7972-1536-4-4578

世界の三葉虫
バオバブ
トリバネアゲハの世界
裸子植物のあゆみ
オサムシ　自然の中の小さな狩人
ハンドブック　海の森・マングローブ
生きぬく　乾燥地の植物たち